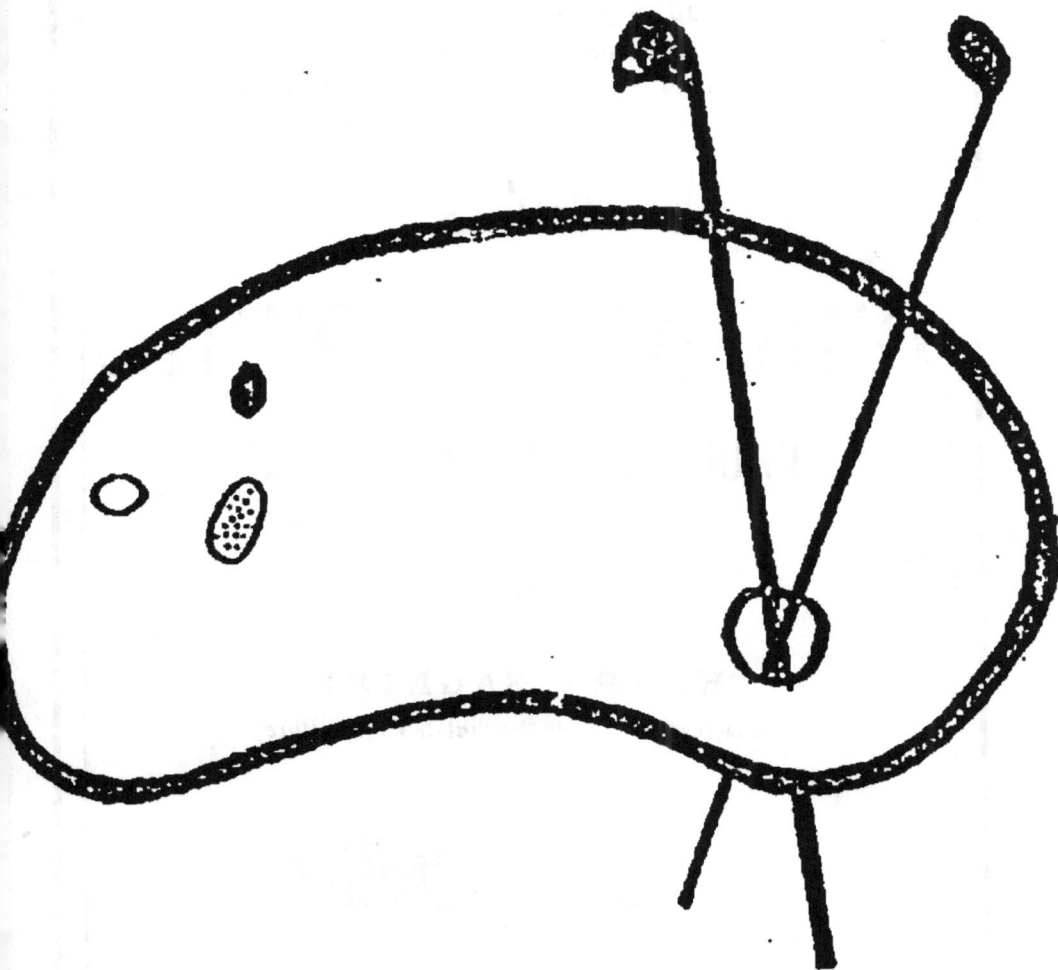

COUVERTURE SUPERIEURE ET INFERIEURE
EN COULEUR

COURS COMPLET D'ÉTUDES
rédigé conformément aux programmes
DES ÉCOLES NORMALES PRIMAIRES

COURS
D'HORTICULTURE
FRUITIÈRE ET POTAGÈRE

PAR

HENRY SAGNIER

Rédacteur en chef du *Journal de l'Agriculture*

OUVRAGE CONTENANT 50 FIGURES

PARIS
LIBRAIRIE HACHETTE ET Cie
79, BOULEVARD SAINT-GERMAIN, 79
1887

15491 — Imprimerie A. Lahure, rue de Fleurus, 9, à Paris.

COURS COMPLET D'ÉTUDES

RÉDIGÉ CONFORMÉMENT AUX PROGRAMMES

DES ÉCOLES NORMALES PRIMAIRES

HORTICULTURE

DU MÊME AUTEUR

Cours d'agriculture, rédigé conformément aux programmes des écoles normales primaires. 1 volume avec 19 figures . . . . 3 fr.

Notions d'agriculture et d'horticulture, rédigées conformément aux programmes de l'enseignement primaire du 27 juillet 1882, par J.-A. BARRAL et H. SAGNIER.

    Cours élémentaire. 1 volume avec 93 figures, cartonné 0 69

    Cours moyen. 1 volume avec 110 figures, cartonné 0 90

    Cours supérieur. 1 volume avec 158 figures, cartonné 1 50

Dictionnaire d'agriculture, par J.-A. BARRAL et H. SAGNIER. En cours de publication, par fascicules de 10 feuilles chacun avec de nombreuses figures. Prix du fascicule. . . . . 3 fr. 50

15491 — Imprimerie A. Lahure, 9, rue de Fleurus, à Paris.

COURS

D'HORTICULTURE

FRUITIERE ET POTAGERE

PAR

HENRY SAGNIER

Rédacteur en chef du *Journal de l'Agriculture*

OUVRAGE CONTENANT 50 FIGURES

PARIS

LIBRAIRIE HACHETTE ET Cⁱᵉ

79, BOULEVARD SAINT-GERMAIN, 79

1887

Droits de propriété et de traduction réservés

PRÉFACE

Parmi les branches principales de la production agricole, l'horticulture occupe une place très importante, à la fois par la multiplicité et par la variété des produits qu'elle fournit. Elle embrasse la culture des légumes, celle des arbres fruitiers et celle des plantes d'ornement.

On a dit, depuis longtemps, que la France, par sa position géographique, intermédiaire entre les deux extrémités de la zone tempérée, par la diversité des climats de ses différentes régions, par la nature et les expositions variées de son sol, semble être appelée à devenir la terre classique de l'horticulture. Nulle part, on n'obtient une aussi grande masse de produits que dans un jardin, et les procédés horticoles constituent partout la dernière étape du progrès en ce qui concerne l'art de tirer parti du sol. Ces procédés peuvent servir de modèle pour l'agriculture; c'est en les appliquant dans les champs qu'un grand nombre de perfectionnements ont été acquis par les cultivateurs. Le jardin est d'ailleurs le véritable laboratoire dans lequel on peut se livrer aux expériences dont les résultats servent ensuite de guides pour les applications sur de plus grandes surfaces.

La majorité des instituteurs ont à leur disposition un jardin plus ou moins étendu. Le cours d'horticulture qu'ils reçoivent à l'école normale a pour objet de leur apprendre à tirer le meilleur parti de ce jardin, tant pour leur avantage personnel que pour l'instruction des populations au milieu desquelles ils vivent. Il importe donc que l'horticulture soit en grand honneur auprès d'eux, qu'ils connaissent les meilleurs procédés de culture potagère, qu'ils apprennent à appliquer parfaitement les principes généraux de la taille et de la conduite des arbres fruitiers. L'instruction qu'ils acquerront sous ce rapport ne doit pas être seulement théorique, elle doit être pratique, faite en face même de la nature. C'est ainsi seulement qu'ils deviendront capables de convertir le jardin dont ils auront la jouissance en un jardin modèle pour les populations du voisinage, car c'est surtout par l'exemple que les progrès se sont répandus jusqu'ici dans les campagnes.

Le *Cours d'Horticulture* se divise naturellement en trois parties principales : notions générales sur le jardin, conduite des arbres fruitier, culture potagère ; quelques notions y sont ajoutées sur les plantes florales. Toutes les cultures y trouvent leur place ; mais il n'est pas nécessaire qu'elles soient étudiées partout avec les mêmes développements. En effet, par suite de la diversité des régions entre lesquelles la France se partage, telle plante qui occupe un rang important dans les jardins d'une région, n'occupe ailleurs qu'une place restreinte, si elle n'y est même pas tout à fait inconnue. Il convient donc de faire un choix judicieux ; le professeur est, dans ce cas, le meilleur guide pour ses élèves. Mais les principes généraux restent partout les mêmes, et l'attention des futurs instituteurs doit être spécialement appelée sur leur application dans les circonstances variées où ils seront placés.

Une large part est faite, dans le *Cours d'Horticulture*, à la conduite des arbres fruitiers. La raison en est que les règles de la taille et de la mise à fruit sont variables suivant les espèces d'arbres, et que l'explication de ces principes comporte des détails techniques pour lesquels il faut entrer dans des développements assez étendus. Mais on ne doit pas oublier que ces explications ne peuvent suppléer aux applications pratiques. L'arbre est un être vivant, et par suite il possède son individualité propre, qu'il est interdit de méconnaître quand on veut en tirer parti. C'est à cette connaissance raisonnée que tendent les observations auxquelles les élèves-maîtres sont invités à s'adonner dans le jardin de l'école normale.

Dans quelques circonstances, on renvoie au *Cours d'Agriculture*, qui fait partie du cours complet d'études. Ces renvois ont pour but d'éviter des répétitions qui seraient fâcheuses dans deux ouvrages appartenant à la même série et destinés à se compléter mutuellement.

COURS
D'HORTICULTURE

1ʳᵉ LEÇON

OBJET DU COURS. — EMPLACEMENT DU JARDIN

Sommaire. — Rôle de l'horticulture fruitière et potagère. — Choix de l'emplacement du jardin. — Exposition et étendue. — Arrosages. — Clôtures. — Abris pour les légumes et les arbres fruitiers.

L'horticulture fruitière et potagère est la partie de l'agriculture qui a pour objet de produire les fruits et les légumes destinés à l'alimentation humaine. Elle a pour annexe l'horticulture florale ou d'agrément, dont l'objet est la production des plantes arbustives ou florales destinées à orner les jardins et les habitations.

L'importance de cette branche de l'art agricole ressort de sa définition même; quelques indications suffiront pour la mettre en évidence.

Si l'on ne considère que les principales productions fruitières, on constate que pour la France seulement la valeur des produits dépasse plusieurs dizaines de millions de francs. D'après les statistiques officielles on récolte en moyenne, chaque année, pour les principaux arbres fruitiers :

Pommiers et poiriers, 20 millions d'hectolitres de fruits, valant 92 millions de francs;

Pêchers et abricotiers, 540 000 hectolitres de fruits, d'une valeur de 3 millions et demi;

1

Pruniers et cerisiers, plus de 1 million d'hectolitres de fruits, d'une valeur supérieure à 11 millions;

Châtaigniers, 4 millions et demi d'hectolitres de fruits, valant 52 millions et demi;

Orangers, 10 000 hectolitres de fruits, valant 100 000 francs;

Citronniers, 11 000 hectolitres de fruits, valant 260 000 fr.;

Cédratiers, 18 000 hectolitres de fruits, valant 390 000 francs.

Quant à la culture potagère, il est presque impossible d'apprécier la valeur de ses produits; on en consomme partout, chaque jour, dans les villages comme dans les villes. Outre cette énorme consommation, la France en exporte chaque année, sous forme de légumes frais et de légumes salés ou confits, pour une valeur qui approche de 20 millions de francs.

La production fruitière et potagère constitue donc une branche importante de la richesse agricole. Elle assure d'ailleurs de larges bénéfices aux cultivateurs. Voici quelques exemples de ces bénéfices, en ce qui concerne les légumes :

Dans le Roussillon, la culture des artichauts, aux environs de Perpignan, donne un produit net (c'est-à-dire après défalcation des frais) qui dépasse 2000 francs par hectare;

Dans le Jura, aux environs de Dôle, la culture potagère laisse un profit supérieur à 600 francs par hectare;

Aux environs de Paris, la production des légumes assure un bénéfice qui dépasse couramment 300 francs par hectare, et qui atteint souvent 450 à 500 francs, toujours pour un hectare;

En Alsace, la culture des choux, en vue de la fabrication de la choucroute, donne un produit net de 2000 francs par hectare.

Aujourd'hui les chemins de fer pénètrent presque partout; par conséquent, les difficultés des transports rapides à de grandes distances sont aplanies. On peut obtenir des résultats, sinon aussi importants, du moins très avantageux, dans un grand nombre de localités, en expédiant les produits de la culture potagère dans les grands centres de consommation.

On peut en dire autant pour la production des fruits. Il existe des espèces et des variétés de chaque espèce presque pour tous les climats, pour toutes les natures de sols, nous dirons même pour presque toutes les saisons. Les soins de culture sont d'ailleurs assez faibles, et les produits sont toujours très avantageux.

Les départements où la production fruitière est considérée comme la plus abondante, sont les suivants :

Pour les fruits à noyau et à amande : Lot-et-Garonne, Drôme, Alpes-Maritimes, Basses-Alpes, Isère, Seine-et-Marne, Corrèze, Seine, Meurthe-et-Moselle, Rhône, Haute-Garonne; dans chacun de ces départements, la production est supérieure à 500 000 fr. par an, et, dans les deux premiers, elle dépasse plusieurs millions.

Pour les fruits à pépins : Ille-et-Vilaine, Calvados, Manche, Seine-Inférieure, Eure, Orne, Nord, Oise, Sarthe, Seine-et-Marne, Morbihan, Ardennes, Eure-et-Loir; dans chacun de ces treize départements, la production atteint plusieurs millions. Dans les départements qui suivent, elle est comprise entre 500 000 francs et 1 million : Vosges, Yonne, Haute-Savoie, Rhône, Mayenne, Loiret, Aube, Finistère et Gironde.

Dans certaines régions limitées, dans certaines communes isolées même, on se livre à la production d'une espèce spéciale de fruits. Un renom s'étant attaché aux fruits d'une certaine provenance, les premiers planteurs ont eu des imitateurs, et la production fruitière est devenue une des principales sources du revenu foncier du pays. Tel est le cas, par exemple, pour les prunes d'Agen, pour les abricots de Clermont-Ferrand, pour les pêches de Montreuil, etc. Dans la plupart de ces circonstances, lorsque la réputation s'est agrandie et qu'elle a assuré des bénéfices certains, les cultivateurs ont multiplié leurs efforts pour maintenir chez eux la fortune capricieuse.

Comme pour les légumes, l'extension des chemins de fer a contribué, pour une large part, à la prospérité de la production fruitière; elle a eu aussi pour effet d'en accroître l'étendue dans de larges proportions. On transporte aujourd'hui, au moment opportun, les fruits même les plus délicats aux plus longues distances. Sans ces moyens de transport, la production de beaucoup de variétés serait encore restreinte dans quelques cantons isolés; elle resterait comme parquée dans des localités peu étendues, avec l'impossibilité presque absolue d'en sortir. Dans ces transformations, tout le monde a trouvé son compte : producteurs, dont les fruits ont été recherchés de toutes parts; consommateurs, dont la table est devenue plus riche et plus variée.

Toutefois, de grands progrès peuvent être encore réalisés; d'autres pays ont marché plus vite. Ainsi, tandis que, en 1871, la France occupait le premier rang pour l'exportation des fruits en Angleterre, en 1885 elle n'occupait plus que le troisième rang, devancée par la Belgique et surtout par les États-Unis, dont le commerce est devenu vingt fois plus considérable en quinze années.

Pour assurer le progrès, il est nécessaire que la culture potagère et fruitière, localisée presque partout dans les jardins, en sorte pour s'étendre sur de plus grandes étendues qui lui sont propices dans presque toutes les parties de la France. Elle y donnera de plus grands profits que beaucoup d'autres cultures, toutes les fois que le cultivateur s'occupera en même temps de s'assurer des débouchés réguliers. Il est d'ailleurs presque toujours facile de trouver ces débouchés. Mais c'est dans le jardin que les méthodes de culture atteignent leur plus haut degré de perfectionnement; c'est là que le produit atteint son maximum. Il faut donc apprendre d'abord à cultiver le jardin, par l'application des méthodes consacrées par la science et par l'expérience.

Divisions du jardin. — On divise généralement le jardin en trois parties :

Jardin potager, destiné à la culture des légumes;

Jardin fruitier, pour la production des fruits;

Jardin d'agrément, pour la culture des plantes d'ornement.

Convient-il de mêler ensemble ces diverses sortes de cultures, ainsi que la pratique en est très commune, ou bien est-il préférable d'assigner à chacune une place distincte dans le jardin? Cette deuxième disposition est toujours préférable, lorsqu'il s'agit de créer un jardin, surtout si ce jardin est voisin de la maison d'habitation, comme c'est le cas le plus général.

Les raisons pour lesquelles on doit donner la préférence à cette disposition sont de deux sortes.

Tout d'abord, lorsque l'on s'adonne, sur la même surface, à la culture fruitière et à la culture potagère, il peut arriver et il arrive souvent que l'on doit se livrer, pour les légumes, à des travaux de culture ou à des soins d'entretien, par exemple des labours ou des arrosages, qui peuvent être nuisibles aux arbres fruitiers, surtout à raison de l'époque de l'année à laquelle on les pratique. Par exemple, des labours exécutés pendant la floraison des arbres peuvent nuire à celle-ci, des arrosages répétés peuvent retarder la maturité des fruits.

D'autre part, le jardin d'agrément étant fait pour distraire et réjouir la vue, il convient qu'il soit aussi rapproché que possible de l'habitation. Les plantes florales perdent une partie de leurs charmes si elles sont mêlées à des plantes potagères, beaucoup moins agréables à voir; d'ailleurs le sol consacré à ces dernières est tantôt couvert, tantôt dénudé et labouré, il reçoit des fumiers et des composts qui sont de nature à compromettre l'effet produit par les fleurs ou par les arbustes d'ornement.

Il est donc préférable de diviser les trois parties du jardin. Celui-ci se composera ainsi de trois lots distincts.

La partie la plus rapprochée de la maison et, en même temps, la plus restreinte, sera consacrée aux plantes d'ornement; elle formera, par exemple, le sixième de l'étendue totale, et elle sera divisée en plates-bandes, ou mieux en petites pelouses garnies de corbeilles de fleurs. L'avantage des pelouses est qu'elles n'exigent que des soins relativement faciles à donner et qu'elles conservent presque constamment leur verdure.

Derrière le jardin d'agrément, on place le jardin fruitier; son étendue peut être environ le double de celle du jardin d'agrément. Les arbres forment, derrière les plates-bandes ou les pelouses, un rideau qui borne agréablement la vue. Une partie de ce jardin est consacrée à une petite pépinière pour les jeunes arbres, destinés à remplacer ceux dont la production faiblit, pour quelque cause que ce soit. Enfin, les murs qui clôturent le jardin sont réservés à la production d'arbres fruitiers en espalier; en avant des espaliers on place avantageusement des contre-espaliers.

La deuxième moitié de l'étendue totale est consacrée au jardin potager. On la divise en carrés plus ou moins étendus, suivant l'espace dont on dispose, et suivant les plantes qu'on désire y cultiver.

En dehors de ces règles générales, il est impossible de formuler des règles spéciales pour les dispositions à prendre dans chaque cas particulier. Ces dispositions dépendent de circonstances locales qui varient avec la forme du terrain destiné au jardin, sa situation en sol horizontal ou en sol déclive, la nature spéciale du sol et du sous-sol, le climat sous lequel on se trouve, etc. Toutefois, d'une manière générale, il convient de n'établir un jardin ni dans un bas-fond, ni sur une hauteur. Dans les bas-fonds, l'air se renouvelle difficilement, l'humidité est souvent excessive pendant l'hiver et au printemps, tandis que la chaleur y est très forte pendant l'été; en outre, les gelées printanières y sont fréquentes dans beaucoup de localités. En effet, l'évaporation de l'eau sur des plantes habituellement humides provoque un abaissement de température; en outre, l'air des hauteurs, refroidi par le rayonnement nocturne, devient plus dense que l'air ambiant, et se déverse vers le bas de la vallée, où il forme une masse fluide à peu près stagnante, dont la température est souvent inférieure à zéro. Sur les hauteurs, l'action desséchante du vent est surtout à redouter. On doit donc, autant que possible du moins, choisir une situation intermédiaire.

Quant à la forme à donner au jardin, au tracé des carrés et des allées, une règle précise doit dominer les dispositions que l'on adopte : choisir des formes et des dessins en rapport avec le relief général du terrain, en évitant avec soin les prétentions à l'architecture qui ne soient pas en rapport avec les dimensions et avec le but du jardin. Dans les grands jardins d'agrément, on peut se livrer à toutes les fantaisies pourvu que le goût y préside; dans les jardins où l'on cherche le produit, les lignes simples sont les meilleures, parce qu'elles facilitent les travaux de culture. Les planches en carré ou en parallélogramme, les semis et les plantations en ligne, sont, pour le jardin fruitier et le jardin potager, les formes dont on ne doit pas se départir, à moins que la disposition du terrain n'y mette obstacle, ce qui est très rare.

Exposition. — Quelle est la bonne exposition ou orientation pour un jardin?

La lumière et la chaleur sont indispensables pour la végétation; quand elles manquent, celle-ci languit. L'exposition du jardin doit donc, pour être bonne, être tournée vers le soleil. Toute exposition au nord est défectueuse, sous quelque climat que ce soit; même dans le midi de la France, elle doit être proscrite. Il faut que les rayons du soleil puissent frapper directement toutes les parties du jardin, au moins pendant quelques heures de la journée. Sous ce rapport, les expositions du midi, de l'est et de l'ouest sont celles qui conviennent; mais les deux premières sont préférables. Dans presque toute la France, en effet, les vents d'ouest et du sud-ouest sont souvent violents, presque toujours humides, par conséquent défavorables aux plantes. Les meilleures expositions sont celles du sud et du sud-est. Toutes les parties du jardin n'ont pas toujours la même exposition, c'est même le cas le plus fréquent : on réserve l'exposition la plus chaude pour les plantes herbacées ou arbustives les plus délicates. Dans toutes les circonstances, on doit préférer l'orientation qui assure un abri contre les vents violents, ou bien on doit créer des abris, comme il sera expliqué plus loin.

Arrosages. — Si la chaleur est un élément indispensable pour la végétation, l'eau n'est pas moins nécessaire. Dans les champs, les plantes cultivées ne reçoivent que l'eau des pluies. Or, l'insuffisance, l'excès ou l'irrégularité des pluies sont incompatibles avec la production qu'on demande au jardin. Il n'y a donc pas de bon jardin sans eau, et on doit, dans le choix de l'emplacement, se préoccuper de la quantité d'eau dont on pourra disposer pour pratiquer les arrosages réguliers. Plus le climat est sec, plus les arrosages doivent être fréquents et abondants.

Les eaux employées à l'arrosage sont les eaux de pluie, les eaux de source et celles de puits.

Les eaux de pluie et celles de source sont, le plus souvent, recueillies dans des bassins ouverts, où elles peuvent s'échauffer sous l'action du soleil. Quant aux eaux de puits, on les élève, soit par des seaux, soit par des pompes; il est bon aussi de les faire séjourner pendant quelque temps dans un bassin avant de s'en servir. Leur température est souvent trop basse pour l'arrosage, au moment où on les extrait du puits. Les eaux légèrement échauffées et aérées sont celles qui sont regardées comme convenant le mieux pour les plantes.

L'arrosage se fait le plus souvent à la main avec des arrosoirs (fig. 1). Pour économiser le temps et la fatigue, on place, de distance en distance, dans le jardin, des tonneaux enfoncés verticalement en terre jusqu'à 8 ou 10 centimètres, dans lesquels l'eau est amenée par des rigoles ou versée directement, et dans lesquels on la puise avec les arrosoirs. Plusieurs tonneaux disposés ainsi dans un jardin d'une certaine étendue, permettent d'exécuter les arrosages à la fois plus rapidement et avec moins de fatigue.

On doit pratiquer les arrosages le matin ou le soir lorsque les

Fig. 1. — Arrosoir de jardinier.

plantes ne sont pas exposées à l'action directe du soleil, surtout pendant les mois chauds. Les feuilles arrosées en plein soleil sont souvent grillées : la cause de ce phénomène est facile à comprendre. Les feuilles étant mouillées brusquement, l'eau s'évapore rapidement sous l'action du soleil; par suite de l'absorption de chaleur qui résulte de ce changement d'état, les tissus des feuilles ou des fleurs sont soumis à un refroidissement subit qui les désorganise. L'effet est analogue à celui des gelées blanches.

Les meilleurs arrosoirs sont les arrosoirs à pomme, dont la

plaque est percée d'une infinité de petits trous, qui divisent
l'eau. Celle-ci tombe sur le sol et les plantes, de la même manière que la pluie.

Dans les grands jardins, on remplace avec avantage les arrosoirs par des pompes montées sur une brouette (fig. 2). Si l'on
transporte la pompe près d'un bassin, le tuyau d'aspiration y
puise l'eau. Le jardinier fait manœuvrer la pompe d'une main
avec un levier, tandis que de l'autre main il dirige la lance
d'arrosage fixée à l'extrémité du tuyau de refoulement. On peut

Fig. 2. — Arrosage avec une pompe.

transporter la brouette successivement auprès de chaque bassin.
Avec un tuyau d'aspiration assez long, on peut arroser très
vite toutes les parties d'un jardin.

Une autre disposition est aussi adoptée dans les grands jardins, principalement par les cultivateurs-maraîchers. Elle consiste
(fig. 3) à élever l'eau d'un puits dans un bassin élevé de plusieurs mètres au-dessus du niveau du sol; un manège à un
cheval est ordinairement nécessaire. Des tuyaux d'arrosage
partent de ce bassin, se terminant par des lances d'arrosage
fermées par des robinets. Lorsque les robinets sont ouverts,

l'eau sort par les lances avec une force proportionnelle à la différence de niveau. Suivant la forme de l'ajutage adapté à la lance, le jet est droit ou en éventail.

Enfin, pour les arrosages des plantes délicates dans les serres ou dans les appartements, on se sert d'arrosoirs pulvérisateurs; ces arrosoirs distribuent l'eau en poussière très fine. Un arrosoir ordinaire est garni d'un double tuyau et surmonté d'une boule en caoutchouc (fig. 4); chaque tuyau est muni d'un robinet.

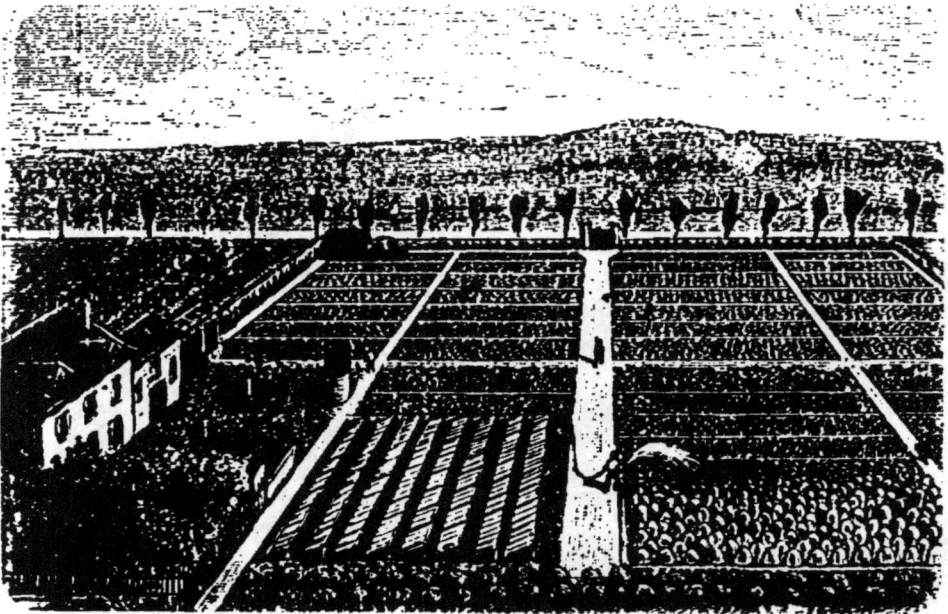

Fig. 5. — Arrosage des jardins maraîchers.

Pour remplir l'arrosoir, on dévisse la partie supérieure, et on la rétablit quand le vase est plein. Pour lancer l'eau en poussière très fine, on met les deux robinets en travers, et on enlève l'ajutage qui ferme le tube supérieur; puis on exerce des pressions en ouvrant et en fermant la main, sur la boule en caoutchouc. Pour obtenir un seul jet continu, on met en long la clef du robinet supérieur. Pour arroser en pluie, on tourne la clef du robinet inférieur, et on presse sur la boule en caoutchouc.

Clôtures. — Le jardin ne devant pas être ouvert à tout venant, il importe de le fermer par des clôtures. Les deux sortes de clôtures les plus communes sont les murs et les haies. Les murs sont plus coûteux que les haies, mais ils présentent des avantages que celles-ci ne possèdent pas.

Le grand avantage des murs est qu'on peut palisser les arbres sur leur surface, c'est-à-dire planter au pied des murs des arbres fruitiers dont les branches, taillées et dirigées convenablement, sont fixées sur la surface du mur par des crampons ou par tout autre moyen. C'est ce qu'on appelle la culture en espalier. Suivant les lieux et suivant l'orientation des murs, la culture en espalier produit sur la végétation un effet qui équivaut à une avance de 3 ou 4 degrés, et même parfois de 5 à 6 degrés

Fig. 4. — Arrosoir pulvérisateur.

vers le midi. Cet effet est d'autant plus manifeste que le climat est moins brumeux et que les jours clairs sont plus nombreux, surtout au printemps et en été : l'action de la radiation solaire exerce alors toute son intensité, la chaleur est tout entière concentrée sur les arbres, surtout sur les fruits. En même temps les murs d'espalier servent d'abris aux arbres soit contre les rigueurs du froid pendant l'hiver, soit contre les intempéries des autres saisons.

La hauteur des murs est, le plus communément, de 2 mètres à 2m,50 ; leur épaisseur varie alors de 40 à 45 centimètres; si on les fait monter à 3 mètres, l'épaisseur doit atteindre 50 centimètres. Les murs sont blanchis et crépis à la chaux pour deux raisons : d'abord, on supprime ainsi les interstices des pierres qui peuvent servir d'abris à un grand nombre d'insectes nuisibles et à leurs nids, ensuite on donne aux murs leur maximum d'effet utile, car on sait que la couleur blanche est celle qui réfléchit au maximum la chaleur et la lumière.

Les haies sont des clôtures arbustives; elles sont sèches ou vives. Les haies sèches sont formées par des clayonnages; ce sont les plus rares. Quant aux haies vives, elles sont constituées par des arbustes divers, suivant les localités. La plantation de ces arbustes se fait sur le bord ou au fond d'un fossé. Le plus souvent, dans le premier système, on forme la haie par un rang d'arbustes qu'on plante à 50 centimètres du bord du fossé ou de la limite de la propriété. Quand on plante au fond du fossé, on établit un ou plusieurs rangs suivant la largeur de ce fossé. Quelquefois les haies sont formées par des arbrisseaux épineux plantés au sommet de cordons de terre élevés au-dessus du niveau du jardin; des mottes de gazon sont plaquées sur les côtés pour retenir la terre.

On peut former les haies avec des arbustes d'ornement ou les garnir de plantes florales. Quant aux haies défensives, elles sont surtout formées par des arbrisseaux ou des arbustes épineux : le houx, l'ajonc, l'épine-vinette, etc.

Abris. — Pour que les plantes végètent dans des conditions régulières, on doit souvent les protéger contre les intempéries ou bien contre l'ardeur du soleil. C'est par les abris que l'on obtient ce résultat : on emploie surtout des abris contre les vents, contre le froid et contre l'ardeur du soleil. Quelques-uns de ces abris ne servent que dans les grands jardins; d'autres sont utilisés partout.

Contre le vent, les murs de clôture et les haies constituent un premier abri, mais il n'est pas suffisant dans les pépinières et dans les régions où les vents sont violents. On y établit alors des *brise-vents;* ce sont des plantations de lignes d'arbres verts[1], très serrés, principalement des ifs et des cyprès; au bout de peu de temps, les branches toujours garnies de feuilles s'enche-

---

1. On donne le nom d'arbres verts aux arbres de la famille des Conifères, qui conservent des feuilles en toute saison.

vêtrent et forment un rideau d'autant plus inaccessible à l'action
du vent qu'elles sont plus garnies. On établit les lignes de
brise-vents suivant une perpendiculaire à la direction des vents
froids dominants; on les espace, d'après la violence générale
des vents, de 6 à 10 mètres.

On peut aussi faire des brise-vents qui servent d'ornement
au jardin. On établit un treillage dans la direction à donner au
brise-vents, et au pied du treillage on sème très dru des
graines de liseron ou d'une autre plante d'ornement grimpante.
Ce genre d'abri, outre qu'il pousse très vite, offre un aspect
très agréable pendant la floraison.

Les abris adoptés contre le froid sont très nombreux; ils
varient suivant qu'il s'agit de protéger des arbres ou des plantes
herbacées.

Pour protéger, pendant l'hiver, les arbres délicats, on recouvre d'une couche de fumier la partie du sol dans laquelle
se développent leurs racines; quelquefois on entoure le tronc
avec de la paille. Quant aux arbustes délicats, on incline les
tiges, et on recouvre la tête d'une légère couche de terre; par-
dessus, on étend un paillis ou du fumier. Contre les gelées
printanières, on peut abriter les arbres en plein vent par des
toiles dressées autour du tronc; les arbres en espalier sont
protégés par des chaperons établis sur les murs. Ces chaperons
sont fixes ou mobiles : dans tous les cas, ils forment une
sorte de toit qui déborde le faîte des murs. Les chaperons fixes
consistent en tuiles posées à plat et enchâssées dans le mur;
les chaperons mobiles sont des auvents formés par des paillassons ou des planchettes, inclinés et soutenus par des étais.
Les mêmes étais peuvent servir à maintenir des toiles destinées
à protéger les arbres.

Les plantes herbacées, potagères ou florales, sont abritées
contre le froid, pendant l'hiver, par des buttages qui entourent
la tige des plantes : au-dessus de la terre accumulée autour
de la tige, on ajoute une couche de feuilles sèches ou de paille.
Depuis le mois de février jusqu'à la fin du mois de mai, on
peut abriter ces plantes contre les gelées printanières par des
paillassons ou des toiles. Les cloches en verre et les cloches
économiques, formées par des arceaux d'osier qu'on fiche en

terre et qu'on recouvre de calicot gommé, sont aussi des abris pour les jeunes plantes. Il en est de même des cages vitrées ou en vannerie dont on peut les entourer temporairement.

Contre l'ardeur du soleil pendant l'été, on se sert des mêmes abris que contre le vent et la gelée. Les brise-vents forment d'excellents abris pour les plantes que l'on doit cultiver à l'ombre. Les paillassons, les toiles, les claies servent à tempérer l'action des rayons solaires. Dans la culture des fleurs, on se sert surtout de toiles qu'on étend, sur des piquets, à quelques décimètres au-dessus des massifs.

La construction des abris n'est pas coûteuse. Chacun peut facilement établir des paillassons avec de la paille de seigle, qu'on coud avec de la ficelle. Ces paillassons ont généralement une longueur de 2 mètres sur une largeur de 1m,25 à 1m,50.

— — —

2ᵉ LEÇON

LE SOL DU JARDIN. — PÉPINIÈRES

Sommaire. — Des diverses natures de sol et de sous-sol propres aux cultures potagères et aux arbres fruitiers. — Disposition du terrain : pour arbres fruitiers, pour couches, pour légumes, pour massifs de fleurs et corbeilles d'agrément. — Pépinières.

Résumé de la leçon.

La terre arable est formée par la désagrégation des roches qui forment la partie superficielle du globe terrestre ; elle participe naturellement de la composition de ces roches. Sans entrer ici dans des détails qui trouvent leur place ailleurs[1], il suffit de rappeler que, parmi les éléments nombreux qui entrent dans la composition des terres arables, quelques-uns se placent au premier rang pour le rôle qu'ils jouent dans la culture. Ce sont le *sable*, l'*argile* et le *calcaire* ou carbonate de chaux. Suivant les proportions dans lesquelles ces substances sont mélangées, les

_____
1. Voir le *Cours d'Agriculture*.

propriétés des terres se modifient, surtout sous le rapport physique et en ce qui concerne leur résistance aux instruments de labour et leur pénétration par les racines des plantes.

L'argile donne au sol de la ténacité; elle conserve l'humidité; elle absorbe une partie des principes utiles aux plantes, et elle active la décomposition des engrais.

Le sable donne au sol de la perméabilité; il le rend meuble et apte à conserver la chaleur.

Le calcaire enrichit la terre en chaux, principe utile à la végétation; il contribue à activer la décomposition des engrais.

A ces principes d'origine minérale se joint l'*humus*, formé par les résidus décomposés des plantes qui ont végété à la surface du sol.

La présence de ces éléments divers est nécessaire pour constituer un bon sol, mais elle ne suffit pas; il faut, en outre, que ces éléments se rencontrent en proportions convenables. Lorsque les uns ou les autres prédominent, ils impriment au sol des caractères spéciaux. Ainsi des terres sont argileuses, calcaires, sableuses, humifères, suivant l'élément qui y prédomine. Lorsque deux éléments l'emportent sur les autres, on distingue des terres argilo-calcaires, argilo-siliceuses, argilo-humifères, silico-calcaires, etc.

Suivant que ces terres sont plus ou moins rebelles à l'action des instruments aratoires, les cultivateurs ont l'habitude de les diviser en terres fortes, terres légères, terres franches. Les terres fortes sont le plus souvent argileuses : elles opposent de la résistance à la bêche, se fendillent sous l'action prolongée du soleil et forment de grosses mottes qu'on émiette avec peine; elles retiennent longtemps l'eau des pluies. Les terres légères, au contraire, s'émiettent facilement, et elles sont rapidement traversées par l'eau. Quant aux terres franches, elles présentent des caractères intermédiaires entre ceux des terres fortes et des terres légères; elles en possèdent, en général, les qualités sans en avoir les défauts.

La couche sur laquelle repose directement la terre arable et qui, généralement, n'est pas entamée par les outils ou instruments de culture, constitue le *sous-sol*. La nature du sous-sol influe sur les qualités de la terre arable. S'il est de même nature qu'elle, il en possède les qualités et les défauts. S'il est de nature différente, il peut modifier ces qualités et ces défauts ; c'est surtout en raison de sa perméabilité que son action s'exerce. Un sous-sol imperméable met obstacle à l'écoulement des eaux pluviales et des eaux d'arrosage ; ces eaux restent stagnantes dans la terre arable, la refroidissent, et, en empêchant la circulation de l'air, entravent la végétation. C'est dans les bas-fonds que ces effets sont le plus sensibles. On remédie à ces défauts par des fossés d'assainissement et par le drainage.

On peut créer un jardin dans toutes les sortes de sols ; comme le travail de l'homme y exerce beaucoup plus d'action que dans la culture des champs, il corrige les défauts que le sol présente. Néanmoins, c'est dans les terres fortes sans excès, et surtout dans les terres franches, que l'on trouve les plus grandes chances de succès, lorsqu'il s'agit de la culture des plantes potagères.

Les terres humifères se placent aussi au premier rang des terres bonnes pour les jardins, à la condition qu'elles ne soient pas acides, ce que l'on peut d'ailleurs corriger par l'apport de calcaire. Dans les Pays-Bas et dans quelques parties du nord de la France, notamment aux environs d'Amiens, on obtient des cultures de légumes très prospères dans des marais plus ou moins tourbeux, divisés en parcelles de quelques ares par des canaux qui servent à la fois pour l'assainissement ou l'égouttement du sol et pour le transport des produits.

Les plantes potagères qui réussissent mieux dans les terres légères sont assez rares ; tel est cependant le cas pour les cultures d'asperges.

Quant à la plupart des arbres fruitiers, la nature de sol qui leur convient le mieux est la terre argilo-calcaire. Dans les sols légers, sujets à la sécheresse, la végétation de la plupart des espèces est lente. Dans les terres très argileuses, la végétation est d'abord rapide, mais les arbres portent une moins grande quantité de fruits, et ces fruits sont généralement de qualité inférieure.

Lorsque l'on veut créer un jardin dans un sol pierreux, la première opération urgente est de procéder à un épierrement aussi complet que possible. La présence des pierres est incompatible avec la bonne culture des plantes potagères.

Composts et terreaux. — Si le cultivateur ne peut modifier

que progressivement la terre de ses champs par des amendements appropriés, le jardinier, qui agit sur des surfaces beaucoup plus restreintes, peut créer des terrains artificiels. Il
obtient ce résultat par la préparation de *composts* et de *terreaux*,
et par l'emploi de la *terre de bruyère*.

Les composts sont formés par le mélange de diverses sortes de
terres, auquel on ajoute des balayures de cours, des curures de
fossés, un peu de fumier, des débris de plantes et de matières
organiques, etc. On forme, avec le tout, des tas qu'on laisse
séjourner pendant quelque temps à l'air, en les soumettant à
des recoupages ou à des pelletages, afin de bien en mélanger
toutes les parties. Les composts formés suivant cette méthode
fournissent des terres dont la composition varie avec leur origine; on les répand généralement sur les carrés destinés à la
culture des plantes potagères ou dans les trous creusés pour la
plantation des arbres et des arbustes.

On emploie, dans les jardins, deux sortes de terreau : le terreau de couches et le terreau de feuilles.

Le terreau de couches est le résultat de la décomposition du
fumier. Il provient le plus souvent des couches dont la formation sera indiquée plus loin (12e leçon). Il se présente sous la
forme d'une substance noire, douce au toucher quand elle est
humide, grasse, perméable à l'eau, s'échauffant rapidement sous
l'action du soleil. On emploie le terreau, soit pur, soit mélangé
à de la terre; on en garnit les couches ou la surface des carrés,
lorsqu'on exécute les semis, ou bien les pots dans lesquels on
fait des semis. On peut préparer un terreau analogue au terreau
de couches, en disposant par lits, dans un endroit retiré du jardin, des fumiers de basse-cour, du crottin de cheval, des
balayures, les herbes provenant du sarclage des allées et des
carrés; on piétine fortement et on arrose quelquefois pendant
les chaleurs; si l'on forme ce tas au printemps, en ayant soin,
à l'automne, de le défaire, de le brasser et de le refaire en
plaçant au centre les parties les moins décomposées; on obtient,
au printemps suivant, un terreau sinon absolument parfait, du
moins suffisant pour recouvrir les semis et pour garnir les couches.
On brise toujours le terreau en petites mottes, à l'aide d'un
râteau, avant de s'en servir.

2

Le terreau de feuilles est obtenu en faisant décomposer en tas, dans un coin du jardin, les feuilles d'arbres et les détritus des plantes. La décomposition dure plus ou moins longtemps, suivant la nature des feuilles. Ce terreau est presque toujours acide; par conséquent, il faut éviter de l'employer sans mélange. On lui enlève ce défaut en y ajoutant du sable calcaire, dans la proportion de 10 à 15 pour 100.

La terre de bruyère est une terre spéciale qu'on recueille dans les landes et dans les forêts où croissent les bruyères en grande quantité. Elle est formée par le mélange de la terre avec les débris et les racines des bruyères. Comme la terre où poussent ces plantes est le plus souvent siliceuse, la terre de bruyère est toujours sableuse. Généralement on l'emploie pour la culture en pots, après en avoir brisé les mottes et l'avoir tamisée à la claie pour enlever les débris végétaux. Lorsque la terre de bruyère renferme beaucoup de débris décomposés de mousses et de plantes herbacées, elle présente plus de consistance; on dit que c'est une terre de bruyère tourbeuse; cette dernière est employée parfois pour remplacer le terreau dans la culture de quelques plantes, lorsqu'il est insuffisant.

En recouvrant la terre avec du terreau, on obtient plusieurs résultats. On fournit aux plantes un engrais, on prévient le durcissement de la couche superficielle, lequel résulte des alternatives de sécheresse et d'humidité, on concentre la chaleur solaire que la couleur noire du terreau absorbe en proportion notable.

Préparation du sol. — Dans la culture des arbres fruitiers, on laisse le plus souvent au sol sa forme plane naturelle : s'il n'est pas plan, on l'aplanit par des mouvements de terrain. Mais, lorsqu'il s'agit des plantes potagères et des plantes florales, on adopte souvent des dispositions spéciales; dans le premier cas, ces dispositions ont principalement pour but de faciliter la végétation; dans le deuxième cas, elles servent surtout à l'agrément du jardin. Pour les plantes potagères, les principales dispositions adoptées sont : les *buttes*, les *billons*, les *ados*.

Dans la culture sur buttes, on forme des monticules artificiels, hauts de 40 à 50 centimètres, au sommet desquels les plantes sont semées. Ces monticules sont faits soit avec de la terre ordinaire, soit avec un mélange de fumier et de terreau. La pluie et l'eau d'arrosage traversent les buttes sans rester stagnantes autour des racines.

Les billons sont des bandes de terrain bombées en leur milieu, larges le plus souvent de 1 mètre à 1^m,40, hautes de 30 à 40 centimètres au-dessus du sol qui n'a pas été remué. Ils forment ce qu'on appelle un dos-d'âne, avec une pente de chaque côté de la ligne de crête. Cette disposition est adoptée le plus souvent dans les terres humides, pour écarter l'eau des racines des plantes : on comprend que les billons doivent être d'autant plus élevés que la terre est naturellement plus humide. Lorsque les billons sont dirigés de l'est à l'ouest, une des pentes est exposée au midi, l'autre étant exposée au nord; cette dernière reçoit moins de chaleur et de lumière. Il est donc préférable d'orienter les billons du nord au sud; les pentes sont, dans ce cas, à peu près également bien exposées.

Les ados sont des bandes de terrain qui font saillie au-dessus du sol, non plus avec une double pente comme les billons, mais en présentant une seule pente inclinée. Dans les ados, un des côtés est plus haut que l'autre, de 30 centimètres environ. La meilleure orientation des ados est celle de l'est à l'ouest, le côté le plus bas étant au midi, et le côté le plus haut étant au nord et se terminant par un talus presque droit; la pente est ainsi complètement exposée au midi. Son relief au-dessus du sol met l'ados à l'abri de l'humidité et son inclinaison compense l'obliquité des rayons solaires; il reçoit ainsi une plus grande quantité de chaleur que le terrain plat.

On peut disposer plusieurs ados parallèlement dans un jardin. Dans ce cas, il convient de les séparer les uns des autres par des allées larges de 90 centimètres à 1 mètre. Si on les juxtapose ou si on les sépare par des allées plus étroites, on perd une partie des avantages de cette disposition. En effet, le relief d'un ados projette alors son ombre sur l'ados suivant, au moins pendant une partie de la journée.

Les ados sont quelquefois appelés des *côtières*. Plus souvent, on réserve ce dernier nom à ceux qui sont disposés le long des murs. Ces ados sont les plus avantageux sous le rapport de la chaleur; ils profitent de l'abri du mur et du rayonnement du soleil sur cet abri; en raison de cette disposition, ils ont besoin d'ar-

rosages plus fréquents que les autres. Ailleurs, on donne le nom
de côtières à de larges plates-bandes abritées par un mur ou
par un brise-vent, mais sans relief au-dessus du sol.

Les dispositions décrites jusqu'ici sont permanentes ; il en est
d'autres qui sont temporaires, c'est-à-dire qui ne sont adoptées
que pendant une partie de la végétation des plantes. A cette
catégorie appartiennent le *buttage* et l'emploi des *paillis*.

Le buttage consiste à accumuler au pied des plantes et autour
de la tige une certaine quantité de terre, de manière à former
un petit monticule qui emprisonne la plante. Cette disposition a
pour effet, soit d'accroître le nombre et la force des racines, soit
de mettre la tige à l'abri de l'action directe du soleil ; elle s'allonge et reste blanche et tendre, tandis qu'elle serait restée verte
et dure. C'est un procédé dont on se sert pour provoquer l'étiolement des tiges de certaines plantes potagères.

Le paillis est une couche mince de fumier à demi consommé,
qu'on étend sur le terrain de manière à le cacher complètement.
C'est pendant l'été que le paillis produit ses effets : il arrête l'évaporation de l'eau du sol et y maintient l'humidité, en même
temps qu'il empêche le tassement de la terre par l'eau des arrosages. On emploie aussi les paillis pour abriter, pendant l'hiver,
les plantes qui restent dans le sol.

Dans la culture des plantes florales, les principales dispositions
adoptées sont : les *plates-bandes* et les *corbeilles*.

Les plates-bandes, comme leur nom l'indique, sont des bandes
de terrain plus ou moins larges, aplanies, sur lesquelles on cultive les plantes florales, soit en lignes parallèles, soit en groupes.

Les corbeilles sont des parties de terrain à surface légèrement
bombée, de forme variable, le plus souvent circulaires ou elliptiques, dans lesquelles on cultive des plantes en massif. Les corbeilles isolées sont délimitées par des bordures, soit en gazon,
soit en petit treillage, soit en pierres ou en tuiles. Les corbeilles
qu'on dissémine sur les pelouses de gazon ne reçoivent pas de
bordure. Le nombre et la dimension des corbeilles varient avec
l'étendue du jardin d'agrément ; dans les jardins dits à la française, elles sont toujours placées symétriquement ; dans les jardins paysagers, elles sont placées généralement sur les bords des
pelouses.

Dans les jardins d'ornement consacrés surtout à des pelouses, on pratique souvent le *vallonnement*, c'est-à-dire des dépressions de terrain à courbe variable. La forme du vallonnement est surtout une affaire de goût; elle doit toujours être en rapport avec l'étendue du jardin.

Pour circuler dans le jardin, des allées sont nécessaires. Ces allées sont généralement recouvertes de sable ou de gravier, et garnies de bordures qui protègent les plantes cultivées sur les plates-bandes et les corbeilles. Leur nombre et leur largeur dépendent de l'étendue du jardin et de la forme qu'on veut donner à ses diverses parties.

Pépinières. — Les *pépinières* sont les parties du jardin consacrées à la préparation des plantes qui doivent le garnir. On établit des pépinières pour les plantes potagères ou d'ornement, aussi bien que pour les arbres fruitiers. On les place toujours sur un point retiré du jardin.

Deux considérations sont importantes pour une pépinière : l'exposition et la nature du sol.

La meilleure exposition pour une pépinière est celle où elle est bien aérée et bien ensoleillée : c'est à l'exposition du midi que ces conditions sont le mieux remplies, sous quelque climat que l'on soit placé. Avec des abris permanents ou temporaires, on peut corriger les inconvénients résultant de l'excès de chaleur ou de lumière. Si le terrain est plat, la disposition est excellente; mais une pente légère orientée vers le midi ne peut pas nuire. Dans ce cas, on doit éviter de tracer les planches, les billons ou les ados dans le sens de la pente, car les pluies pourraient en provoquer le ravinement; on les trace perpendiculaires à cette pente.

Pour la pépinière, on doit choisir la meilleure terre du jardin; quels qu'ils soient, herbacés ou ligneux, les végétaux prospèrent d'autant mieux qu'ils ont été placés dans de meilleures conditions pendant leur jeune âge. C'est une erreur trop souvent répandue que les plantes deviennent plus vigoureuses lorsqu'elles passent d'une terre maigre dans une terre plus riche; élevées dans un sol pauvre, elles n'ont pas pu suffisamment développer leurs organes souterrains pour profiter ensuite des aliments plus abondants qui sont à leur disposition; élevées dans une terre riche, au contraire, elles ont acquis la vigueur nécessaire pour résister d'une part à l'opération même de la transplantation, et d'autre part aux intempéries et aux accidents qui peuvent survenir et surviennent presque toujours.

Une bonne terre franche, suffisamment profonde pour que les racines s'y développent facilement, convenablement pourvue d'engrais, est donc celle qui convient le mieux à la pépinière. Il importe d'ailleurs que le sous-sol soit perméable, afin que l'humidité n'y devienne pas nuisible : si cette dernière condition n'est pas remplie naturellement, on y obvie par le drainage ou par des fossés d'assainissement.

La pépinière se divise en un certain nombre de lots, carrés ou planches. On sème ensemble sur chaque carré les plantes de même nature ; d'autres carrés sont consacrés aux repiquages ; d'autres encore sont réservés pour les greffes, lorsque l'on veut greffer les arbres en pépinière. Chaque sorte de plante a sa place spéciale, suivant son âge et le temps qu'elle doit passer en pépinière. On peut d'ailleurs serrer les pieds sur une surface restreinte ; les plantes étant toujours jeunes, on peut les semer sur lignes et rapprocher les lignes, de manière à avoir sur la même surface dix ou vingt fois plus de plantes que dans les autres parties du jardin.

Le plus grand ordre doit régner dans la pépinière. On obtient ce résultat par l'emploi d'*étiquettes*. Ces étiquettes consistent en petites plaques qu'on fixe à des piquets fichés dans le sol des carrés, ou qu'on attache aux troncs lorsqu'il s'agit de plantes ligneuses. Elles sont en bois ou en zinc. On inscrit sur ces étiquettes les noms des plantes semées, repiquées, etc., ou bien des numéros qui correspondent à un petit registre sur lequel on inscrit tout ce qui est relatif à la pépinière. C'est d'ailleurs la méthode que l'on doit suivre, toutes les fois que l'on élève des collections de plantes dans lesquelles figurent plusieurs variétés d'une même espèce ; c'est le seul moyen d'éviter la confusion.

5ᵉ LEÇON

TRAVAUX DE CULTURE ET DE PLANTATION

Sommaire. — Préparation du sol. — Labours. — Fumier et engrais. — Amendements. — Modes de multiplication pour les plantes du jardin. — Plantation des arbres. — Taille. — Formes sous lesquelles on conduit les arbres. — Branches charpentières.

Avant de confier au sol du jardin les graines ou les plantes qu'il doit porter, on doit le préparer pour assurer la régularité de la végétation. C'est par des labours et des fumures qu'on obtient ce résultat.

Labours. — On laboure le jardin comme les champs; mais on y exécute cette opération avec plus de précision, parce que la surface en est plus petite. Les résultats du labour sont les suivants : les racines peuvent grossir et s'allonger sans trouver d'obstacle, l'air pénètre dans toutes les parties du sol et circule autour des racines.

On distingue deux sortes de labours : les labours de défoncement et les labours ordinaires. Les premiers ont pour objet d'ameublir le sol du jardin sur une profondeur de 50 à 60 centimètres, ou au moins jusqu'au sous-sol, si la couche arable n'a pas cette profondeur. Les seconds se font à la profondeur de 25 à 30 centimètres; ils se répètent à chaque changement de culture dans un carré, tandis que les labours de défoncement s'exécutent d'abord lorsqu'on crée le jardin, et plus tard à des intervalles plus ou moins rapprochés, suivant que la terre est plus ou moins argileuse.

Les labours se font presque toujours à bras. Les instruments dont on se sert sont : la bêche ordinaire, la bêche à fourche, la pioche, la houe, le hoyau, le pic à pioche. Le choix d'instruments plus ou moins forts dépend du degré de résistance du sol; dans la plupart des cas, les labours sont exécutés à la bêche.

Pour labourer une planche à la bêche, on ouvre le long d'un des côtés de cette planche, une jauge ou tranchée de la profondeur et de la largeur d'un fer de bêche; on transporte, dans une

brouette, la terre enlevée de la jauge, et on la dépose dans
l'allée le long du côté de la planche parallèle à celui qu'on
attaque. Après cette opération préliminaire, le jardinier, faisant
face à la jauge, attaque une première bande de terre qu'il détache par mottes parallèles. Le travail comporte quatre temps :
enfoncer l'outil dans le sol, détacher la motte, la soulever et
la déposer devant soi dans la jauge. En la déposant, on la retourne, puis on la brise en donnant dans divers sens plusieurs
coups de bêche qui la divisent en morceaux ; s'il se trouve des
pierres ou des débris de racines, on les enlève et on les jette
dans l'allée. La première bande étant achevée, la première
jauge est remplie, et on se trouve en face d'une nouvelle jauge,
dans laquelle on dépose la terre de la deuxième bande, et ainsi
de suite jusqu'à l'extrémité de la planche. On remplit la dernière jauge ouverte avec la terre qu'on avait enlevée de la
première.

Après le labour, on brise les mottes qui restent à la surface,
on enlève les petites pierres qui ont échappé pendant le travail,
et on nivelle parfaitement la surface. Ces opérations s'exécutent
avec le râteau.

Engrais. — Des engrais sont nécessaires pour donner aux
plantes les éléments nécessaires à leur évolution qui peuvent
manquer dans le sol. On se sert du fumier et d'engrais minéraux
ou organiques qu'on peut acheter.

Le fumier est l'engrais le plus communément employé ; on
sait qu'il est formé par le mélange des déjections des animaux
domestiques et de leur litière. Suivant la rapidité avec laquelle
ils fermentent, on distingue les fumiers chauds et les fumiers
froids. Le fumier de cheval et celui de mouton appartiennent à
la première catégorie ; les fumiers de bœuf et de vache et ceux
de porcs, à la deuxième catégorie.

On peut considérer les composts (voy. 2e leçon, p. 17) comme
d'excellents engrais.

Le fumier et les composts sont incorporés au sol par le labour.
A cet effet, on répand le fumier en couche uniforme sur la
surface d'une planche, avant de la bêcher. A chaque coup de
bêche, on enfouit la quantité de fumier qui recouvrait la motte
qu'on retourne. Quant au terreau, on ne doit jamais l'enfouir

en bêchant; on le répand toujours en couche mince sur les planches préparées pour recevoir les plantes.

L'emploi d'engrais complémentaires est commandé pour deux raisons : l'insuffisance du fumier et la nécessité de régulariser les fumures. Le fumier que, dans son jardin, on répand également sur tout le terrain, ne donne pas tous les résultats qu'on pourrait espérer si on le répandait conformément aux besoins des plantes. Appliqué aux plantes cultivées pour la production herbacée, il assure toujours des récoltes abondantes; mais il n'en est plus de même lorsqu'on l'emploie pour les plantes cultivées pour leurs graines; une forte dose de fumier provoque souvent le développement des feuilles au détriment de la grenaison. Les mêmes inconvénients sont signalés lorsqu'il s'agit de la production de racines alimentaires.

Les engrais minéraux qu'on peut employer avec avantage dans la culture des plantes potagères sont : le superphosphate de chaux, le nitrate de potasse, le nitrate de soude, le sulfate d'ammoniaque, les cendres de bois non lessivées. Il n'existe pas de règle précise pour leur emploi; on doit donc, avant de les répandre sur une certaine étendue, soit isolément, soit en mélange, procéder à de petits essais dont les résultats permettent d'évaluer les besoins de chaque plante.

Lorsqu'il s'agit de cultures florales, c'est par les arrosages qu'on peut appliquer les engrais minéraux; ceux-ci doivent être immédiatement solubles dans l'eau. On dissout l'engrais dans l'eau dans la proportion de 1 gramme par litre. Les engrais les plus appropriés sont : le nitrate d'ammoniaque pour les plantes à feuillage ornemental et le phosphate d'ammoniaque pour les plantes à fleurs.

A l'emploi des engrais se rattache celui des amendements. Les amendements sont des substances qu'on ajoute au sol, principalement dans le but d'en modifier l'état physique. C'est surtout aux terres fortes, argileuses, qu'on ajoute des amendements; la chaux, la marne sont employées ici avec avantage. On fait usage aussi d'amendements pour les terres légères : les vases, les curures de fossés sont ceux dont on se sert le plus. Il peut arriver, dans des jardins cultivés depuis longtemps, abondamment pourvus de fumier et de terreau, que la végétation devienne moins abondante; ce fait résulte le plus souvent de l'accumulation des matières organiques qui a détruit l'équilibre entre les principes nécessaires aux plantes; dans la plupart des circonstances, l'emploi de la chaux tend à rétablir l'équilibre, en supprimant l'acidité de la terre trop chargée d'humus.

Multiplication des plantes. — Le sol du jardin, labouré et pourvu d'engrais, est prêt à recevoir les plantes. Les méthodes de multiplication pour celles-ci sont assez nombreuses. Les principales sont : les semis de graines, les plantations de tubercules, de caïeux, d'œilletons, d'éclats des racines, de boutures. Un autre mode de multiplication, la greffe, sera l'objet d'une étude spéciale (voy. 11° leçon).

La multiplication par semis est pratiquée pour la plupart des plantes potagères : elle consiste à mettre dans le sol les graines ou semences des plantes, qui y germent et se développent en végétaux nouveaux.

La première condition pour la réussite est d'avoir de bonnes graines. A cet effet, il convient de les récolter en temps convenable, et de les conserver avec précaution jusqu'au moment des semailles. La récolte des graines se fait, autant que possible, par un temps sec, lorsque les fruits dont elles proviennent ont acquis une maturité complète. On choisit, pour en prendre les graines, les plantes les plus vigoureuses, et, autant que possible, les fruits les mieux conformés et les plus sains : cette sélection des graines est une première garantie de leur valeur. Après la récolte des graines, on opère, parmi elles, un triage, pour éliminer les graines petites et mal conformées, et ne conserver que celles présentant les caractères les plus complets sous les triples rapports de la forme spéciale à l'espèce, de la couleur et du volume. Les graines sont conservées en petits paquets ou dans des sacs, dans un lieu sec, à l'abri de l'humidité et des brusques variations de température.

Par ces précautions, on s'assure de la pureté de la graine. Une autre qualité n'est pas moins indispensable, c'est la faculté germinative. Si l'on sème, par exemple, 100 graines d'une plante et s'il n'en germe que 40 à 50, le résultat atteint sera bien inférieur à celui sur lequel on comptait. La durée de la faculté germinative varie suivant les espèces de plantes : pour quelques-unes, elle est très courte; pour d'autres, elle dure plusieurs années. Un grand nombre d'expériences ont été faites pour fixer cette durée. En ce qui concerne les plantes potagères, elles ont donné les résultats suivants : graines d'oignons, de poireaux, de persil, deux ans; graines de cerfeuil, de pois, trois ans; graines de carottes, de laitues, quatre ans; graines d'endive, de mâches, de navets, quatre à cinq ans; graines de choux, cinq à six ans; graines de panais, un an seulement. Il est toujours préférable de semer les graines jeunes, c'est-à-dire celles récoltées à l'automne qui précède les semis.

Lorsque l'on a acheté les graines de semis, il est important d'en déterminer la faculté germinative. Voici un procédé simple indiqué par Mathieu de Dombasle, et dont les résultats sont certains. Il consiste à garnir une soucoupe de deux morceaux de drap humectés à l'avance et placés l'un sur l'autre; on répand par-dessus un nombre déterminé de graines prises dans le lot à essayer, en ayant soin qu'elles ne soient pas en contact les unes avec les autres, et on les recouvre d'un troisième morceau de drap également humecté. On place la soucoupe dans un endroit chauffé modérément, près d'une cheminée ou d'un poêle, et on verse de temps en temps un peu d'eau sur le drap supérieur, de manière à entretenir une humidité suffisante, sans que les graines soient baignées dans l'eau; il suffit d'incliner légèrement la soucoupe pour provoquer l'écoulement de l'eau en excès. En soulevant chaque jour le morceau de drap supérieur, on suit les progrès de la germination, dont la durée varie suivant les espèces : les bonnes graines poussent leurs germes en dehors, les mauvaises se couvrent de moisissures. En comptant les graines germées régulièrement, on constate le degré de la faculté germinative.

On peut remplacer ce procédé par l'emploi du germoir de Nobbe (fig. 5). Ce petit appareil consiste en une plaque carrée A de 20 centimètres de côté sur 5 de hauteur, en terre poreuse non vernissée; à la partie centrale est creusée une capsule circulaire B, dont le diamètre est de 10 centimètres et la profondeur de 2 centimètres; elle est entourée d'un canal C un peu plus profond; aux quatre angles, des trous D peuvent recevoir des petits godets. Cette plaque est munie d'un couvercle,

que le dessin montre retourné ; ce couvercle porte intérieurement des tasseaux A pour permettre la circulation de l'air au-
dessus de la plaque, et un trou central B qu'on peut fermer avec
un bouchon. Pour se servir du germoir, on verse de l'eau dans
le canal C ; la terre s'imbibe et l'humidité devient suffisante pour
la germination des graines placées dans la capsule B, pourvu que
la température soit maintenue entre 10 et 15 degrés centigrades.
Le couvercle empêche l'accès de la lumière. Il suffit de veiller
à ce que l'humidité ne soit pas telle que l'eau suinte dans la capsule. On calcule la faculté germinative, d'après le nombre de
graines germées régulièrement, comme dans le procédé précédent.

On rencontre souvent dans les cultures certaines plantes qui

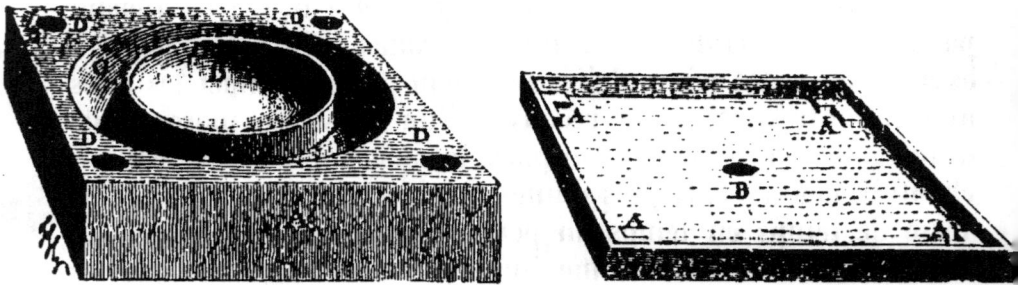

Fig. 5. — Germoir de Nobbe et son couvercle.

présentent soit une plus grande rusticité, soit un développement
plus considérable dans certaines parties, soit quelque autre particularité remarquable. On récolte avec soin les graines de ces
plantes, on les garde et on les sème à part ; le plus souvent,
on voit les caractères remarqués se perpétuer dans leurs descen-
dants, devenir fixes et permanents. C'est par ce procédé qu'on
obtient et qu'on conserve des variétés nouvelles.

Il est des graines qu'on doit préparer avant les semis. Telles
sont celles dont la germination est lente et difficile ; on la rend
plus rapide, en stratifiant les graines, c'est-à-dire en les gar-
dant pendant l'hiver dans des vases où on les dépose par lits
alternant avec des couches de sable humide. La stratification a
pour effet de provoquer un ramollissement des tissus qui hâte

la germination. Pour quelques graines, on obtient un résultat analogue en les faisant tremper dans l'eau quelques heures avant les semis.

Les modes les plus habituels de semis sont : les semis à la volée, en lignes, en poquets, sur couche.

Dans le semis à la volée, on projette les graines par poignées sur le sol, de manière qu'elles soient également réparties sur toute la surface; on les recouvre ensuite par un coup de râteau. Ce procédé est très rarement suivi dans la culture potagère; on l'emploie dans l'horticulture d'ornement pour ensemencer les pelouses en gazon.

Les semis en lignes consistent à répandre les graines dans des raies étroites, peu profondes, tracées préalablement sur le sol avec une binette, à l'aide du cordeau. Les semis sont ainsi réguliers. On recouvre les graines par un coup de râteau, comme dans le semis à la volée.

Dans les semis en poquets, on jette une ou plusieurs graines dans un trou, plus ou moins profond suivant la nature des graines, qu'on prépare à l'avance avec un plantoir; on recouvre la graine de terre. Ces trous sont dits des *poquets*, d'où le nom donné à cette méthode de semis. Les poquets sont généralement établis à égale distance l'un de l'autre sur des lignes tracées au cordeau sur le sol, comme dans les semis en lignes.

Un des principaux dangers, dans la culture des plantes potagères, est de semer les graines trop profondément. Les semis profonds présentent le grave inconvénient de faire perdre beaucoup de temps à la plante avant qu'elle ait poussé ses premières feuilles à l'air et de retarder d'autant la récolte. En règle générale, pour les petites graines qu'on sème à la volée, il suffit de herser légèrement le terrain, lorsque le semis est achevé, pour bien attacher la graine au sol. Quant aux semis en lignes ou rayons, la profondeur qu'on donne aux rayons varie de 2 à 5 centimètres suivant la grosseur des graines. — On recouvre les graines, comme celles semées à la volée, soit avec de la terre, soit avec du terreau. Dans la plupart des circonstances, on fait suivre le semis par un arrosage.

Les trois méthodes de semis qu'on vient de décrire sont dits des semis sur place, parce que les graines sont semées sur le carré où les plantes doivent accomplir toutes les phases de leur végétation. Les semis sur couche constituent une méthode spéciale de semis pour les plantes destinées à être repiquées; ils seront l'objet d'une étude spéciale (voy. 12ᵉ leçon).

Les autres méthodes de multiplication des plantes se pratiquent en en séparant une partie et en la plantant isolément.

Les tubercules sont des renflements des tiges souterraines de certaines plantes, comme la pomme de terre; ils sont munis de bourgeons. En les séparant de la plante mère et en les plantant isolément, on obtient une plante nouvelle.

Les caïeux ou bulbilles sont de petits bulbes qui prennent naissance à la base du bulbe de certaines plantes; on les sépare et on les plante isolément.

Les rejetons ou drageons sont de jeunes tiges qui apparaissent sur les racines des végétaux ligneux; les œilletons sont des bourgeons qui se développent sur la souche de certaines plantes. On les détache et on les replante isolément.

La séparation des racines consiste à diviser les touffes des plantes herbacées à racines vivaces en sujets plus petits, appelés vulgairement éclats de racines, et qu'on plante séparément.

Par le bouturage, on sépare d'une plante un rameau garni de bourgeons, qu'on appelle bouture, et on le plante. Les bourgeons enfoncés dans la terre émettent des racines par lesquelles vit le nouveau végétal. Les méthodes de bouturage sont nombreuses.

Au bouturage se rattache le marcottage, lequel consiste à coucher dans la terre un rameau sans le séparer du végétal et à recouvrir de terre le milieu du rameau ainsi couché; des racines se développent sur la partie qui est en terre; lorsqu'elles sont bien formées, on sépare le nouveau végétal de celui dont il émane. Le marcottage se produit quelquefois naturellement; par exemple, c'est par les stolons ou coulants qu'il émet et qui s'enracinent, que s'opère souvent la multiplication naturelle du fraisier.

Ces dernières méthodes de multiplication des végétaux donnent naissance à des plantes dont tous les caractères sont identiques à ceux de la plante dont elles sortent. C'est par elles qu'on propage les variétés de plantes cultivées. Le semis seul peut donner naissance à de nouvelles variétés. Ces variétés se fixent quelquefois rapidement ; dans d'autres circonstances, plusieurs générations sont nécessaires pour que tous les caractères demeurent définitifs. On peut aussi obtenir des variétés nouvelles par l'*hybridation*, c'est-à-dire par la fécondation artificielle des fleurs d'une variété par le pollen d'une autre variété ; on sème les graines qui en proviennent. C'est une opération très délicate.

Plantation des arbres. — C'est pendant les dernières semaines de l'automne et au commencement de l'hiver, c'est-à-dire aux mois d'octobre et de novembre, que s'exécutent les travaux de plantation des arbres. On choisit les jeunes arbres dans les pépinières, et on les transplante à la place qu'ils doivent occuper définitivement.

Les travaux à exécuter pour cette opération se répartissent en deux séries : préparation du sol et plantation proprement dite.

On défonce profondément la terre dans laquelle on veut placer les jeunes arbres. Il faut, pour qu'il soit complet, que ce défoncement atteigne une profondeur de 1 mètre à 1^m,50, à moins que l'on ne rencontre un sous-sol rocheux ou de mauvaise nature. Si le sol est trop humide, on le draine soit avec des pierrailles, soit avec des drains en poterie. Si les arbres doivent être plantés isolément, on creuse pour chacun un trou de 2 mètres de côté ; s'ils doivent être plantés en une ligne continue, on creuse, le long de cette ligne, une tranchée large de 2 mètres. Pendant le défoncement, on enlève du sol les vieilles racines, les pierres, les mauvaises herbes qui peuvent s'y trouver ; on ameublit la terre avec soin. Ce travail est très important ; sa bonne exécution facilite la multiplication des racines de l'arbre, et par suite le développement normal de toutes ses parties.

La terre enlevée du trou est rejetée sur le côté, en séparant, s'il s'en trouve, les couches de nature différente. On doit d'ailleurs toujours creuser le trou assez longtemps à l'avance pour que la terre soit soumise à l'action des agents atmosphériques. Si un défoncement a été exécuté préalablement avec soin, il suffit de faire les trous deux ou trois semaines avant la plantation. La terre est d'ailleurs mélangée avec des engrais : on peut employer du fumier bien consommé, mais on peut aussi avoir recours à des composts, préparés avec des curures de fossés, des terres de route, etc. D'une manière générale, les engrais à décomposition lente, non acides, sont ceux qui conviennent le mieux.

La plantation se fait ordinairement avec des arbres enlevés directement de la pépinière, ou avec des arbres déplantés depuis quelque temps et conservés en jauge. Dans le premier cas, on procède à l'habillage des racines; cette opération consiste à couper avec une serpette les extrémités des racines et du chevelu, par une section franche, en ayant soin que le biseau de la coupe soit en-dessous, afin qu'il repose à plat sur la terre du trou. Dans le deuxième cas, cette opération est inutile, parce qu'on a dû la pratiquer avant de mettre les arbres en jauge. Si la plantation est faite tardivement, lorsque le mouvement de la sève est commencé, cette opération est inutile; elle peut même être dangereuse.

Pour exécuter la plantation, on a besoin d'un aide qui maintienne l'arbre. L'arbre est placé verticalement, de telle sorte que le collet, c'est-à-dire le point de séparation de la tige et du système radiculaire, soit à quelques centimètres au-dessus du niveau du sol. Si le trou est trop profond, on en garnit le fond avec de la terre bien émiettée. Si l'on ne prend pas cette précaution, la terre, qui se tasse toujours plus ou moins, entraînerait le collet au-dessous du sol, et l'arbre serait trop enterré pour reprendre facilement et régulièrement.

L'arbre reposant sur le fond, on en étale les racines régulièrement, sans les froisser. On les entoure de la même terre ameublie, de telle sorte qu'elle pénètre dans tous les intervalles qui séparent les racines et qu'elle les comble complètement. Puis on remplit doucement le trou avec la terre, en prenant garde de la tasser avec les pieds. Le trou étant à moitié rempli, on facilite le tassement de la terre, en répandant un arrosoir d'eau. Dans le cas où l'eau manque, on peut tasser légèrement avec le pied, mais alors seulement que le trou est presque entièrement comblé. Si la plantation est faite en terrain très sec, on peut piétiner la terre sans inconvénient; dans ce cas, en effet, on n'a pas à craindre de comprimer la terre autour des racines, de manière à intercepter la circulation de l'air, nécessaire à la régularité de leurs fonctions.

La fosse étant complètement remplie, une bonne précaution

consiste à la recouvrir par un paillis ou une litière; on arrête ainsi l'accès trop rapide du hâle et de la chaleur sur les racines supérieures.

L'arbre, une fois planté, est muni d'un tuteur; on donne ce nom à une longue perche en bois qu'on enfonce dans le sol parallèlement à la tige, et à laquelle on la relie par un ou plusieurs colliers. Le tuteur protège l'arbre contre la violence des vents dont l'effet, par les secousses qui en résultent pour les racines, est de retarder la reprise de la végétation.

Lorsqu'on plante les arbres dans un verger-herbage où les animaux domestiques sont mis à pâturer, on les garnit d'une armure, pour les défendre contre la dent ou contre les cornes du bétail. L'armure consiste quelquefois en un petit fagot d'épines qu'on lie autour de la tige, d'autres fois en voliges de bois, qu'on enfonce verticalement dans le sol autour de l'arbre, et qu'on relie, à leur partie supérieure, par des traverses horizontales, de manière à constituer une sorte de cadre protecteur.

En prenant ces précautions pour la plantation et en choisissant, pour chaque espèce, le terrain et l'exposition qui leur sont appropriés, on est certain d'obtenir des arbres vigoureux et fertiles.

Taille. — L'arbre étant planté, on s'occupe de lui donner la forme qu'on veut obtenir, si cette opération n'a pas été commencée en pépinière. En général, dans la pépinière, on ne s'occupe que de former la tige, et quelquefois de procéder à la greffe. Pour que l'arbre acquière sa forme définitive, plusieurs années sont le plus souvent nécessaires.

C'est par la *taille*, c'est-à-dire par la suppression annuelle d'une partie des rameaux, qu'un arbre reçoit sa forme. Cette opération est extrêmement importante; le but en est double : d'abord, comme on vient de le dire, de donner sa forme à l'arbre; ensuite, d'en hâter et d'en multiplier la fructification. Pour la bien pratiquer, il est nécessaire d'acquérir la connaissance des règles du développement de la tige et des branches d'un arbre.

On sait que les arbres s'accroissent par les bourgeons. Les bourgeons se montrent à l'extrémité de chaque branche et à l'aisselle des feuilles. Presque toujours ils apparaissent pendant l'été, passent l'hiver sans se développer et s'épanouissent au printemps suivant. On distingue trois sortes de bourgeons : 1º les *bourgeons à bois*, produisant seulement des rameaux et des feuilles; 2º les *bourgeons à fleurs* ou *boutons*, d'où sortent une ou plusieurs fleurs; 3º les *bourgeons mixtes*, contenant à la fois des feuilles et des fleurs qui en sortent souvent sous la forme d'une sorte de bouquet. Les bourgeons à bois sont généralement minces, grêles et pointus; les bourgeons à fleurs et les bourgeons mixtes sont gros et globuleux. Il est important d'apprendre à distinguer, sur chaque espèce d'arbre, les bourgeons à fleurs et les bourgeons à bois; la connaissance de leurs caractères sert de guide pour exécuter la taille régulièrement et sans erreur.

Les rameaux d'un arbre quelconque portent toujours des bourgeons à bois, mais l'époque de l'apparition des bourgeons à fleurs varie suivant les espèces; elle est toujours régulière pour une espèce. Chez certaines espèces, les bourgeons à fleurs se développent sur le rameau de l'année: on dit alors dans le langage horticole que l'arbre fleurit sur le bois de l'année; c'est ainsi que les choses se passent pour le pêcher. Dans d'autres espèces d'arbres, les bourgeons à fleurs ne se montrent que sur les rameaux âgés de deux ans, de trois ans, et même d'un plus grand nombre d'années; on dit alors que l'arbre fleurit sur le bois de deux, de trois, de quatre, de cinq ans : ainsi la vigne fleurit sur le bois de deux ans.

L'apparition des bourgeons à fleurs sur le poirier, le pommier et les autres arbres dits à pépins, se fait sous une forme spéciale qu'il importe de connaître. Le bourgeon axillaire qui s'épanouit au printemps ne produit jamais qu'un rameau court garni de quelques feuilles; pendant deux autres années, ce rameau s'allonge de la même manière et, après trois ans, constitue ce qu'on appelle un *dard*. Sur le dard se forme, au plus tôt la quatrième année, un bourgeon mixte, gros et globuleux, lequel, en s'épanouissant, fournit un bouquet de fleurs et de feuilles; c'est ce qu'on appelle une *lambourde*. Après la chute des fruits la partie terminale de l'axe de la lambourde reste courte et renflée; elle prend le nom de *bourse*. Les bourgeons axillaires des feuilles de la lambourde se développent sur la bourse pour constituer de nouveaux dards, puis de nouvelles lambourdes. Sur la figure 6, qui montre une branche fructifère de poirier, on peut reconnaître les dards D, les lambourdes L, les bourses B, et enfin sur les bourses les cicatrices A des fructifications précédentes.

De ce qui précède il résulte que les règles à suivre dans la taille des arbres ne peuvent être générales qu'en ce qui concerne la forme à leur donner. La taille dont la fructification est le but varie avec les espèces; des règles spéciales sont nécessaires pour chacune de celles-ci.

Les formes qu'on donne aux arbres se répartissent en deux catégories, suivant qu'on cultive des arbres plantés isolément, ou des arbres appliqués et maintenus le long de murs ou de treillages. Dans le premier cas, on dit que les arbres sont *sur tige*, et dans le second cas, qu'ils sont *palissés*. Dans l'un et l'autre cas, les formes se subdivisent en grandes formes

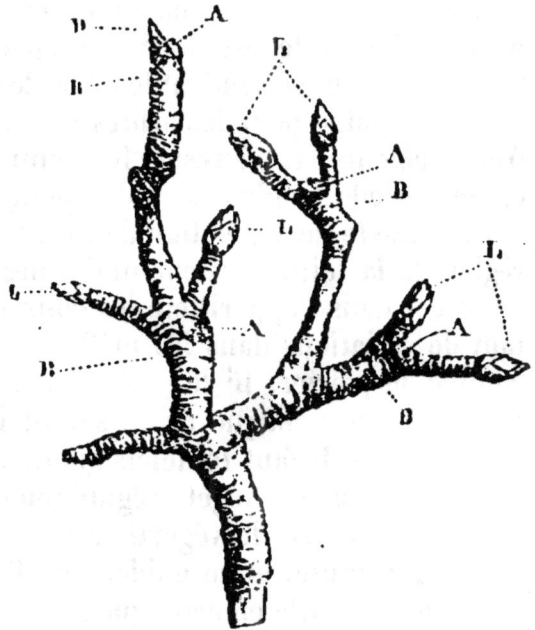

Fig. 6. — Branche fruitière d'un poirier.

et en petites formes. Pour la première catégorie, les principales sont la *pyramide*, le *fuseau*, la *quenouille*, le *gobelet*, l'*arbre sur haute tige*; pour la seconde catégorie, ce sont la *palmette*, l'*éventail*, le *candélabre*, le *cordon*. Chaque forme sera spécialement décrite à propos des arbres auxquels elle s'applique.

Quelle que soit la forme adoptée, la taille a toujours pour objet de répartir aussi également que possible le mouvement de la sève entre toutes les parties de l'arbre, de faire fructifier les arbres qui y sont naturellement peu disposés, de les maintenir en état de production, d'en obtenir des fruits plus gros et de meilleure qualité.

. La théorie de la taille repose sur ce fait que la tige et les rameaux se terminent toujours par un bourgeon vers lequel la sève afflue. Si l'on supprime ce bourgeon extrême, le courant de la sève sera détourné vers les bourgeons inférieurs, nés à l'aisselle des feuilles; ceux-ci tendront à se développer en branches latérales dont le développement sera plus considérable. Si, d'autre part, on enlève les bourgeons à bois qui ne sont pas indispensables au maintien de l'équilibre de la végétation dans l'arbre, les bourgeons à fleurs reçoivent un afflux de sève qui en hâte le développement. La taille est donc une opération annuelle, qu'on doit toujours pratiquer pendant le repos de la sève; toutefois, les plaies qu'elle entraîne pour les arbres ne devant pas être exposées aux froids rigoureux, ni rester longtemps à l'air, la fin de l'hiver est la période la plus favorable pour l'exécuter.

Si le mode de végétation de tous les arbres était le même, les règles de la taille seraient uniformes. Mais les différences déjà signalées dans l'apparition des bourgeons à fleurs entraînent autant de variations dans les méthodes : on ne taille pas la vigne comme le poirier, ni le pêcher comme le pommier. Les règles spéciales pour chaque arbre seront indiquées lors de l'examen de cet arbre. Il faut toutefois ajouter encore que ces règles supposent que l'arbre végète régulièrement; lorsque, pour une raison ou une autre, la végétation est irrégulière, le jardinier doit en tenir compte, et se guider sur l'observation prolongée pour pratiquer la taille en conséquence.

On distingue la *taille longue* et la *taille courte*. Elles diffèrent par le nombre de bourgeons qu'on laisse sur les rameaux; dans la taille courte, on n'en laisse généralement que deux. Cette dernière taille est souvent dangereuse, surtout dans les régions sujettes aux gelées tardives du printemps; on la réserve pour les arbres faibles.

On donne le nom de *branches charpentières* aux branches principales qui constituent l'aspect général ou la charpente de l'arbre. On leur donne le plus de régularité qu'il est possible, et on tend à restreindre la longueur des rameaux fructifères, de telle sorte que les fructifications se produisent aussi près que possible des branches principales.

Les outils qui servent à pratiquer la taille sont le *sécateur*,

la *serpette*, la *serpe*, etc. Il est important que ces outils soient
bien affûtés, et que leur action détermine des sections franches
et nettes sur les branches. Tout outil qui mâche le bois y provoque une désorganisation des tissus dont l'effet est l'absorption
de l'humidité atmosphérique et une tendance à la carie sur la
plaie.

Outre la taille principale, ou taille d'hiver, on pratique
aussi une *taille d'été*, pendant la végétation. Cette taille consiste
surtout en pincements et en ébourgeonnements; ses principaux
effets sont de favoriser la maturation des fruits.

Les arbres et arbustes d'ornement sont également soumis à
la taille, mais cette opération est beaucoup plus simple que pour
les arbres fruitiers. Par l'*émondage*, on enlève les branches
mortes; par l'*élagage*, on supprime les branches vivantes, mal
conformées ou mal placées; par la *tonte*, on ramène les rameaux
à une longueur déterminée pour donner à l'ensemble une forme
spéciale, comme dans les charmilles et les haies; par l'*écimage*,
on ampute la tête ou les branches principales pour donner à
l'arbre une forme arrondie. On ne doit jamais couper trop de
branches à la fois sur un même arbre; si l'on veut enlever plusieurs branches, le mieux est de répartir cette opération sur
deux ou trois années.

4e LEÇON

ÉTUDE DES ARBRES FRUITIERS
FRUITS EN BAIE

Sommaire. — Liste des arbres fruitiers. — Culture de la vigne pour la production
des raisins de table. — Multiplication et plantation. — Formes en espalier et en
cordon. — Travaux des diverses saisons. — Récolte et conservation des raisins.
— Culture forcée de la vigne. — Groseillier. — Framboisier.

Les arbres et arbustes fruitiers, cultivés dans les jardins, sont
divisés généralement en plusieurs catégories suivant la nature
de leurs fruits. Ces catégories sont les suivantes :

1° Arbres à fruits en baie : *vigne, groseillier, framboisier;*

2° Arbres à fruits à noyau : *pêcher, abricotier, cerisier, prunier;*

3° Arbres à fruits à pépins : *poirier, pommier.*

La culture de chaque espèce sera étudiée spécialement, de même que celle de quelques autres arbres spéciaux à une partie de la France méridionale : *oranger, grenadier, néflier, pistachier, jujubier, figuier.*

VIGNE. — La vigne est un arbuste sarmenteux, de la famille des Ampélidées, cultivé exclusivement pour son fruit. La seule espèce indigène en Europe est la vigne vinifère (*Vitis vinifera*). On en a obtenu, par la culture, un grand nombre de variétés, dont les unes portent des fruits spécialement propres à la fabrication du vin, et dont les autres donnent des fruits propres à la consommation directe; on appelle ces derniers des *raisins de table.*

Les variétés de raisins de table diffèrent les uns des autres par la couleur, la forme et la grosseur des grains, par leur goût, par leur végétation. On les divise généralement en raisins blancs et raisins noirs : les premiers sont le plus souvent de couleur ambrée, les seconds de couleur noir bleuâtre ou violet. Les variétés les plus répandues sont :

Parmi les raisins blancs : le *Chasselas* ou raisin de Fontainebleau, à grappe forte et allongée, à goût très fin, dont dérivent plusieurs variétés à grains plus ou moins rosés; — la *Madeleine royale*, à grappe assez forte et assez compacte, à grain de grosseur moyenne; — le *Muscat blanc*, à grappe grosse, à grain rond ou allongé, de couleur nacrée, à goût musqué spécial; cette dernière variété ne mûrit bien que sous un climat assez chaud ou quand elle est abritée.

Parmi les raisins noirs : le *Cinsaut* ou Boudalès, à grappe étalée, à grains gros et ronds, de couleur noir violet, de bon goût; — le *Frankenthal*, à grosse et forte grappe, à grains très gros, de couleur noire bleuâtre, arrondis ou légèrement elliptiques, de très bon goût; — le *Muscat noir*, à grappe moyenne, à grains allongés, noirs, de saveur musquée; — le *Pineau noir*, à grappe moyenne, très serrée, à grains assez petits, d'un très bon goût, parfumés.

À ces variétés il conviendrait d'en ajouter un grand nombre

d'autres dont la réputation est surtout locale, mais qui ne manquent pas de valeur ; la liste en serait trop longue et fatalement incomplète. Dans beaucoup de cantons on consomme d'ailleurs, comme raisins de table, les fruits de la plupart des variétés propres à la fabrication du vin.

Dans les jardins, la vigne est toujours palissée soit contre les murs, soit contre des treillages ou des lignes de fils de fer. La méthode de culture qui consiste à faire grimper la vigne contre un mur, un arbre ou un support quelconque, est dite culture en *treille*. La vigne est en *espalier*, lorsqu'elle est appliquée contre un mur ; elle est en *contre-espalier*, lorsqu'elle est soutenue par des fils de fer tendus entre des pieux fixés dans le sol ; les contre-espaliers sont souvent établis parallèlement aux murs, à une distance plus ou moins rapprochée.

On voit assez communément, dans les jardins, la vigne conduite en cordon à la partie supérieure du mur, tandis que le reste de la surface est consacrée à d'autres arbres fruitiers. C'est une habitude vicieuse. En effet, si l'on fait courir la vigne sous le chaperon du mur, elle projette de l'ombre sur les rameaux supérieurs des arbres placés plus bas, et elle en gêne la végétation ; si, au contraire, la vigne est dirigée au-dessus du chaperon, le raisin n'est plus suffisamment abrité, et il mûrit irrégulièrement. La seule méthode rationnelle consiste à consacrer exclusivement à la vigne une partie des murs du jardin.

Lorsque la culture de la vigne est pratiquée sur une grande échelle, on élève quelquefois dans les jardins des murs de refend, afin d'y palisser les ceps. Il faut que ces murs soient distants de 10 à 15 mètres, pour que l'ombre qu'ils portent ne soit pas nuisible aux murs voisins. Cette multiplicité des murs de refend permet de concentrer la chaleur et de hâter la maturation du raisin.

Les murs propres à la culture de la vigne sont ceux qui sont bien exposés au midi, à l'ouest ou aux expositions intermédiaires. Leur hauteur peut varier de 2 à 3 mètres et au delà ; il convient qu'ils soient garnis d'un chaperon assez saillant, auquel on peut ajouter des abris mobiles. On blanchit ces murs à la chaux.

La plantation de la vigne se fait toujours par bouture. On

emploie la bouture simple, consistant en un rameau ordinaire garni de cinq à six bourgeons, ou bien la bouture par crossette, c'est-à-dire la partie inférieure d'un sarment muni d'un fragment de bois de deux ans. On plante les boutures le plus souvent en pépinière, ou dans des paniers remplis de terre, pour les mettre en place l'année suivante, lorsque le chevelu des racines s'est développé.

Ce n'est pas directement au pied du mur qu'on plante le jeune cep garni de racines. On creuse, à 50 ou 60 centimètres du mur, une tranchée profonde de 50 centimètres; on en garnit le fond d'un mélange de terreau et de terre sur une hauteur de 15 à 20 centimètres, et c'est sur cette couche qu'on plante les jeunes pieds, en suivant les règles générales de la plantation (voy. 3e leçon, page 31). On garnit chaque jeune cep d'un tuteur. La distance à fixer entre les plants varie suivant le nombre de pieds que le plant doit donner définitivement; elle est, en général, de 70 à 75 centimètres, lorsque chaque cep ne doit fournir qu'un pied.

La première année de la plantation n'exige que peu de soins; on accole le rameau sorti du bourgeon terminal; on en coupe le sommet lorsqu'il a atteint la longueur de 50 centimètres, et on enlève les rameaux latéraux qui peuvent se développer; on donne les binages et les arrosages nécessaires suivant la saison. Au commencement de la deuxième année, c'est-à-dire à la fin de l'hiver, on taille en laissant trois bourgeons, lesquels se développent en autant de rameaux qu'on munit d'échalas; ces rameaux doivent atteindre une longueur de $1^m,25$ à $1^m,50$, au delà de cette limite on les rogne; les soins de culture sont les mêmes que pendant la première année. Si les sarments sont assez vigoureux, on procède, à la fin de l'hiver suivant, au couchage de la vigne. A cet effet, on ouvre une tranchée profonde de 40 centimètres environ entre le mur et le pied de la vigne; si celle-ci doit donner deux ceps, on garde les deux sarments les plus forts; si elle ne doit donner qu'un cep, on n'en conserve qu'un. On couche doucement le sarment et la partie inférieure de la vigne dans la tranchée; on l'entoure d'un mélange de terre et de terreau, puis de la terre de la tranchée, après avoir relevé l'extrémité du sarment en l'attachant au treillage ou au mur au point où doit sortir le cep. Si l'on veut obtenir deux ceps, on creuse la tranchée plus large, et on fait diverger les deux sarments pour que chacun sorte du sol au point que le cep doit occuper. Le couchage étant achevé, on taille sur trois bourgeons la partie aérienne du sarment; quant aux bourgeons souterrains, il s'y développe des racines, et le chevelu de la plante augmente en conséquence.

Pendant les premières années qui suivent, le principal but de la taille est de donner au cep la forme qu'il doit garder. Cette forme est toujours celle en cordons. Les cordons sont verticaux ou horizontaux; les ceps sont maintenus bas ou menés jusqu'à la partie supérieure du mur. Ordinairement, sur un espalier, afin que le mur soit bien garni, on donne alternativement aux ceps la forme basse et la forme élevée. Les cordons sont simples ou doubles. Les cordons horizontaux sont plus généralement adoptés pour les contre-espaliers, les cordons verticaux, simples ou doubles, pour les espaliers; cette dernière forme est dite culture à la Thomery, parce qu'elle a été d'abord adoptée dans cette localité.

La méthode à suivre pour former la charpente est la même que dans les premières années de la végétation : les sarments sont conservés plus ou moins longs, suivant qu'on veut obtenir un cep élevé ou un cep bas. Au bout de deux ans, cette charpente est constituée. Dès lors, la taille a pour but d'une part de conserver sa forme au cep, et d'autre part d'assurer la fructification. Pendant les années précédentes, les raisins venus sur les sarments n'étaient jamais qu'en petite quantité.

La taille repose, au point de vue de la fructification, sur ce fait que la vigne fructifie sur le bois de deux ans. Soit un cordon horizontal en contre-espalier (fig. 7). Sur la branche mère, les branches à fruits, qui peuvent être de longueur variable, suivant la vigueur du cep, sont remplacées chaque année; à la taille, on laisse ces branches à fruits *ab* longues, et on conserve à la base un courson *c* qu'on taille à deux yeux pour donner deux sarments de remplacement; le plus haut remplacera la branche à fruits de l'année, le plus bas fournira le courson à deux yeux pour le remplacement ultérieur. La fig. 8 montre un contre-espalier en pleine végétation sur lequel cette méthode de taille,

dite du docteur Guyot, est appliquée; la taille est pratiquée
directement sur la souche; la branche fruitière est palissée horizontalement, et les rameaux de remplacement sont dressés ver-

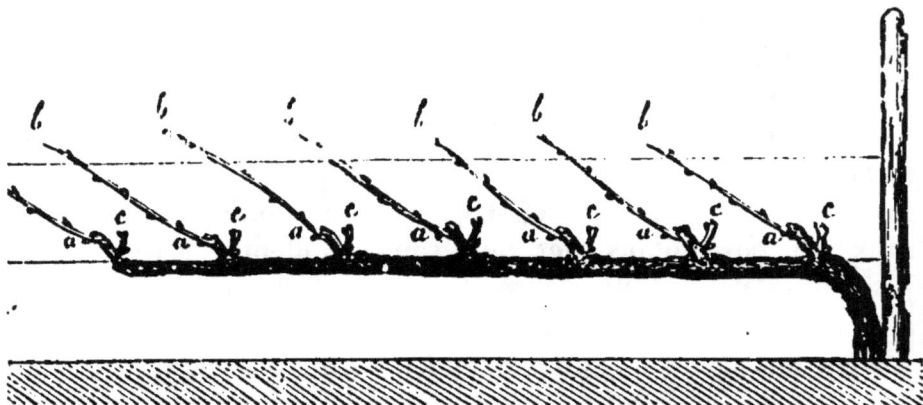

Fig. 7. — Taille de la vigne.

ticalement sur des tuteurs. L'année suivante, l'un de ces rameaux sera palissé horizontalement et taillé long pour donner

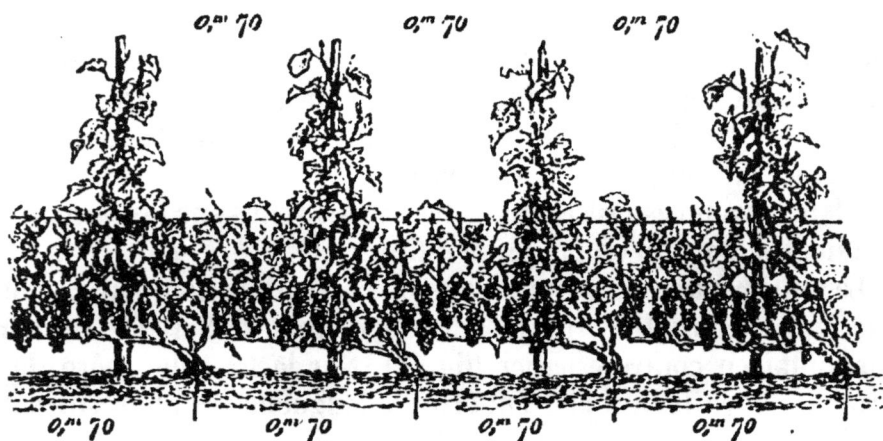

Fig. 8. — Cordons horizontaux de vigne.

du fruit; l'autre sera taillé à deux yeux pour fournir les nouvelles
branches de remplacement.

Parmi les soins à donner à la vigne pendant la végétation,
l'*ébourgeonnement* est le premier. Cette opération consiste à

supprimer sur les branches fruitières quelques-uns des rameaux trop faibles et ceux qui ne portent pas de fruits; elle se fait sans difficulté avec le doigt (car ces rameaux sont encore herbacés), quand on constate qu'ils ne portent pas de grappes. Quelques jours après, on coupe les *vrilles* avec les ongles aussi près que possible du rameau, ainsi que les entre-cœurs, c'est-à-dire les petites feuilles nées à l'aisselle des feuilles; enfin, on rogne les extrémités des rameaux herbacés pour les maintenir à une longueur de 45 à 50 centimètres : c'est ce qu'on appelle le *pincement*. Toutefois, s'il est important de diminuer la végétation herbacée, il est nécessaire de garder une mesure afin que la vigne conserve la quantité de feuilles nécessaire pour la régularité de la végétation et pour abriter les grappes contre les ardeurs du soleil.

Avant la floraison, il convient de pratiquer l'*incision annu-*

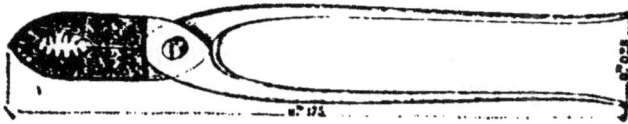

Fig. 9. — Pince à incision.

aire. Cette opération consiste à couper l'épiderme du rameau, sur tout le pourtour, par un simple trait, au-dessous des grappes; elle se pratique immédiatement au-dessous de la grappe inférieure de chaque rameau. On emploie à cet effet une pince (fig. 9), dont la lame en fer, dentée, est garnie d'un retrait pour empêcher la section d'être trop profonde; la denture meurtrit suffisamment la couche corticale. L'incision annulaire enraye la coulure des fleurs et fait avancer la maturation; si on la pratique entre deux grappes, on peut constater une différence de quinze jours au moins dans la maturité des deux fruits et dans la régularité de leur développement.

Lorsque les grains les plus forts de la grappe ont atteint la grosseur d'un pois, on procède au *cisèlement*. Cette opération consiste à enlever, avec des ciseaux à pointes effilées, les petits grains dans les grappes serrées; on obtient ainsi des grains beaucoup plus gros et des grappes plus régulières.

Les principaux abris employés pour les espaliers contre les gelées tardives sont les panneaux sur les chaperons des murs, et les toiles ou les paillassons suspendus à ces panneaux. Lorsque les grappes commencent à mûrir, on les protège contre les guêpes et les oiseaux, en les enfermant dans des sacs en canevas à travers lequel l'air et la lumière peuvent passer; si les espaliers ont de grandes dimensions et portent de nombreuses grappes, on obtient le même résultat en les couvrant d'une toile en canevas.

Les ennemis et les maladies qui attaquent les vignes dans les jardins sont les mêmes que ceux auxquels les vignobles sont exposés (voy. le *Cours d'agriculture*). Il importe, surtout dans les treilles, de combattre l'oïdium et le mildew ou péronospora de la vigne. Contre l'oïdium, on pratique les soufrages, que l'on doit faire préventivement, c'est-à-dire avant l'apparition des premières taches. Contre le péronospora, on emploie avec succès l'aspersion des feuilles avec une dissolution de sulfate de cuivre (300 à 500 grammes de sulfate par hectolitre d'eau); on doit l'appliquer aussi préventivement dès le mois de mai.

La maturité des raisins arrive, d'août en octobre, suivant les variétés, suivant la saison et suivant l'exposition des treilles. La cueillette se pratique à la main avec une serpette ou des ciseaux : on prend les précautions nécessaires pour ne pas froisser les grappes. Lorsque l'on veut conserver le raisin pour la consommation d'hiver, on laisse les grappes sur la vigne aussi longtemps que possible, c'est-à-dire tant que les gelées ne sont pas à craindre; généralement, on ne fait la cueillette que vers la fin d'octobre. Les grappes sont ensuite conservées dans le fruitier.

On pratique deux modes de conservation du raisin : l'une est dite conservation à rafle verte, l'autre conservation à rafle sèche. Dans le premier cas, il faut couper les grappes avec un bout de sarment auquel elles restent attachées; on plonge les sarments par leur extrémité inférieure dans des flacons remplis d'eau aux trois quarts, et dans lesquels on met un peu de charbon pulvérisé pour empêcher l'eau de se corrompre; une bonne précaution consiste à garnir l'extrémité supérieure des sarments d'un peu de cire à cacheter. Les flacons sont placés, dans le fruitier, sur le bord de planchettes garnies d'un rebord

ou percées de trous pour assurer la stabilité des flacons. Pour
conserver le raisin à rafle sèche, on peut employer deux procédés : le premier consiste à placer les grappes côte à côte, sans
qu'elles se touchent, sur des tablettes garnies de paille bien

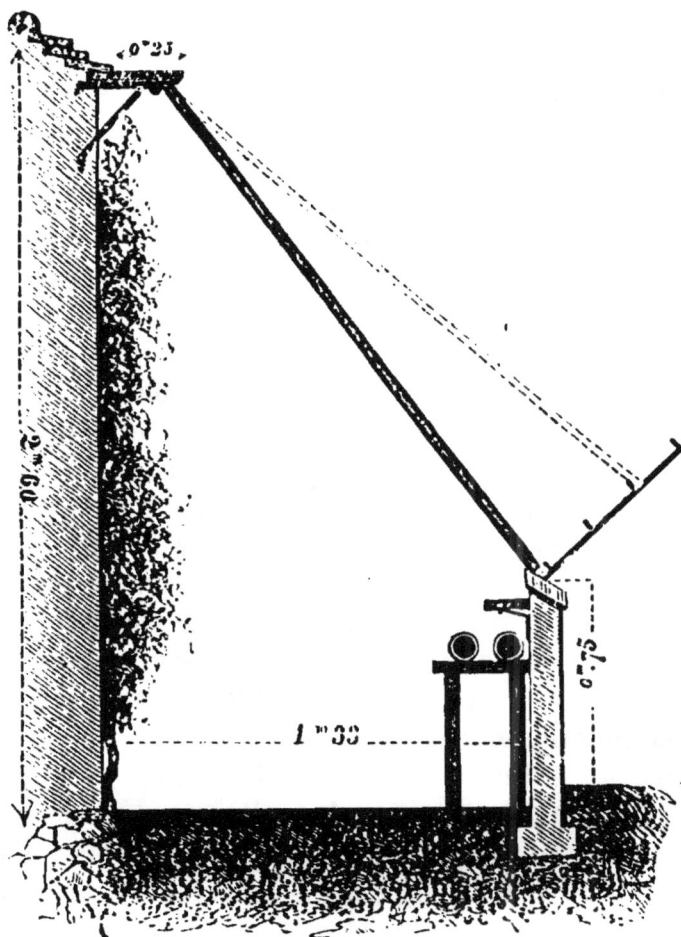

Fig. 10. — Culture forcée de la vigne.

sèche ; le second consiste à suspendre par des agrafes en fil de fer,
les grappes à des cadres construits pour cet objet. Dans tous les
cas, on doit surveiller avec soin les grappes, et enlever tous les
grains qui pourrissent. Il importe que le fruitier soit maintenu
à une température uniforme, et que cette température ne soit

jamais inférieure à 5 degrés au-dessus de zéro. On peut conserver le raisin frais jusqu'aux mois de janvier ou de février.

La *culture forcée* de la vigne a pour objet de lui faire produire des raisins en dehors de la saison normale. On obtient ce résultat, soit en cultivant la vigne dans des serres spéciales, à demeure, soit en appliquant aux espaliers des serres portatives. La fig. 10 montre une serre portative appliquée à un espalier. En avant on construit un petit mur en briques de 75 centimètres de hauteur, on applique sur ce mur et à un auvent fixé à la partie supérieure du mur d'espalier des châssis vitrés qui forment une serre; à côté du petit mur, on dispose deux tuyaux de thermosiphon pour le chauffage. Si l'on veut obtenir du raisin au printemps, on taille la vigne au commencement de décembre, et on la fume. On place les châssis, et on commence à chauffer vers le 15 décembre; la chaleur, maintenue d'abord de 10 à 15 degrés, est élevée à 20 degrés au bout de quinze jours, puis à 25 degrés, et maintenue constante à ce point. Les soins de culture sont les mêmes que dans la culture ordinaire; on arrose environ tous les dix jours, et quand les circonstances extérieures le permettent, surtout pendant la floraison, on aère la serre, en soulevant, au milieu du jour, les châssis vitrés. A la fin d'avril, on obtient du raisin mûr. Cette méthode permet de déplacer chaque année la partie de l'espalier soumise à la culture forcée; on évite de prolonger, pour les ceps, la fatigue qui résulte toujours d'une végétation anormale.

FRAMBOISIER. — Le framboisier (*Rubus idœus*) est un arbrisseau de la famille des Rosacées. La culture en est répandue dans la plupart des jardins, pour son fruit, la framboise, formé par une baie presque sphérique, à saveur sucrée et parfumée.

On distingue dans les cultures deux sortes de framboisier : le framboisier ordinaire, qui ne fleurit qu'une fois par an, et le framboisier remontant, qui fleurit deux fois. Dans chaque sorte, on connaît un certain nombre de variétés, dont les principales sont les suivantes :

Framboisiers ordinaires : *framboise commune*, à gros fruit, la plus répandue; *framboise de Hornet*, à fruit rouge, gros, à jus abondant et coloré; *framboise de Hollande*, à fruit jaune ou à fruit rouge, très parfumé;

Framboisiers remontants : *framboise belle de Fontenay*, à fruit gros, presque rond, de couleur très foncée, très productive; *framboise merveille des quatre-saisons*, dont il existe deux races, l'une à fruit jaune, l'autre à fruit rouge; *framboise perpétuelle de Billard*, à fruit rouge foncé, sphérique et assez gros.

Les sols profonds et frais sont ceux qui conviennent le mieux au framboisier : mais cet arbrisseau vient bien dans la plupart des terres, pourvu qu'elles ne présentent pas un excès de séchesse. Une exposition abritée, même une exposition au nord, lui est favorable; celle du midi n'est bonne que pour obtenir des fruits hâtifs, ou bien pour avoir, avec les variétés remontantes, des fruits à l'arrière-saison.

On multiplie le framboisier par graines ou par drageons. Ce dernier procédé doit être exclusivement employé pour la multiplication des variétés fixées; c'est donc celui que l'on adopte dans la plupart des jardins. On sépare du pied des brins d'une année, munis de racines vigoureuses portant un chevelu abondant. C'est à la fin de l'hiver qu'on pratique la séparation, pour planter immédiatement les drageons.

La plantation s'exécute en lignes, sur des tranchées ouvertes à la profondeur de 40 à 45 centimètres. On plante les drageons en les espaçant de 80 centimètres à 1 mètre sur la ligne. On plante une seule ligne sur les plates-bandes étroites; sur les plates-bandes plus larges, les lignes sont distantes de 1ᵐ,25 à 1ᵐ,50.

La forme en buisson ou en cépée est la seule qui convienne au framboisier. La taille repose sur ce fait que les bourgeons à fruits se développent sur le bois de l'année et que les tiges qui ont porté des fruits meurent à la fin de la saison, sauf sur les framboisiers remontants où les tiges donnent une première floraison à l'automne, et une deuxième au printemps suivant, pour disparaître ensuite. Sur le drageon se développent un certain nombre de tiges; on en conserve, à la fin de la première année, de deux à cinq, suivant le volume qu'on veut donner à la cépée; après l'hiver, on les rabat à une hauteur de 0ᵐ,80 à 1 mètre. De nouvelles tiges apparaissent sur la souche; on n'en conserve que le nombre suffisant pour former, l'année suivante, les tiges fructifères. Tous les autres rejets sont enlevés pour ne pas fatiguer inutilement l'arbuste.

Pendant la végétation, les soins à donner consistent en binages pour maintenir le sol propre, et en ébourgeonnements pour empêcher le trop grand développement des rameaux au détriment de la fructification.

, Les racines du framboisier se multiplient rapidement; par suite, cet arbuste exige des fumures assez abondantes, qui consistent surtout en fumier et en terreau. Une plantation peut donner des fruits abondants pendant une dizaine d'années, en bon sol et avec des soins; souvent on la renouvelle au bout de cinq à six ans.

GROSEILLIER. — Le groseillier (*Ribes*) est un arbuste de la famille des Saxifragacées, à feuilles alternes, à fleurs en grappes ou solitaires, à fruits en baie. On en connaît une cinquantaine d'espèces, dont trois sont cultivées dans les jardins pour leurs fruits; ce sont :

Le groseillier à grappe (*Ribes rubrum*), à fruits en grappes, petits, rouges, blancs ou rosés suivant les variétés;

Le groseillier noir ou cassissier (*Ribes nigrum*), à fruits en grappes, plus gros que ceux de l'espèce précédente, de couleur noire, à jus rougeâtre;

Le groseillier à maquereau (*Ribes uva-crispa*), arbuste épineux, à fruits solitaires, ronds ou oblongs, sucrés; on en connaît un assez grand nombre de variétés qui diffèrent par la forme des fruits et parce qu'ils sont lisses ou plus ou moins poilus.

Le groseillier est un arbuste très rustique; il végète vigoureusement dans la plupart des sols, mais les terrains légers sont ceux qui lui conviennent le mieux. La plupart des expositions sont propices à cet arbuste, même celles qui sont à demi ombragées; au nord, la maturation des fruits est retardée.

Les plantations sont faites le plus souvent en lignes sur des plates-bandes, ou en massifs. Dans ce cas, la meilleure distance pour les lignes est de 2 mètres, en espaçant les pieds de 1 mètre sur les lignes.

Le mode de multiplication généralement adopté est le bouturage. On prépare les boutures à la taille d'hiver, et on les met en jauge dans du sable humide, jusqu'au moment de la plantation, qui se fait au printemps. On plante les boutures en pépinière ou tout de suite en place. La deuxième année, on pratique la taille pour donner à l'arbuste sa forme définitive. Celle-ci est, pour les groseilliers à grappes et pour les cassissiers, la forme en buisson; pour les groseilliers à maquereau, c'est la forme en gobelet, plus commode pour la cueillette des fruits, en raison des épines des rameaux.

Pour former le buisson, on rabat la tige au-dessus de trois bourgeons, ce qui donne trois branches; celles-ci sont taillées l'année suivante au-dessus de deux bourgeons, de manière à donner naissance à six branches qui constituent le buisson. La taille suivante a pour objet de maintenir la forme, en rabattant les rameaux nouveaux au tiers ou à la moitié de leur longueur totale. Lorsque les touffes ont plusieurs années, on enlève les branches mortes et on dégarnit le centre des buissons, si, pendant la végétation, les branches se gênent mutuellement.

Les soins de culture consistent en labours à la bêche pendant l'hiver et en binages pendant la végétation, pour maintenir le sol propre et ameubli. Il convient de répandre du fumier autour des pieds tous les deux ou trois ans. Pour entretenir la vigueur du groseillier, on trouve avantage à receper les branches qui ont fructifié pendant trois ou quatre ans; à la base de chaque branche recepée se développe un rameau destiné à la remplacer. On doit avoir soin d'enlever les rejets du pied, lesquels tendent à fatiguer l'arbre.

A raison de la rusticité du groseillier, qui d'ailleurs résiste aux froids rigoureux sous le climat de la France, une plantation peut durer pendant une vingtaine d'années.

5ᵉ LEÇON

CULTURE DU PÊCHER

Sommaire. — Mode de végétation du pêcher. — Principales variétés. — Plantation. — Choix et multiplication des arbres. — Culture en plein vent. — Culture en espalier. — Forme et taille. — Maladies et ennemis du pêcher.

PÊCHER. — Le pêcher (*Amygdalus persica, Persica vulgaris*) est un arbre fruitier de la tribu des Amygdalées, famille des Rosacées. Les botanistes ne sont pas d'accord sur la place qu'il convient de lui donner dans la classification. Pour les uns, le pêcher est une espèce du genre Amandier; pour les autres, le pêcher et l'amandier appartiennent à deux genres; pour d'autres enfin, le pêcher doit former une section du genre Prunier, lequel renfermerait comme autant d'autres sections, les abricotiers, les amandiers, les cerisiers, ainsi que les pruniers proprement dits.

Le pêcher paraît originaire de la Perse. C'est un arbre qui peut atteindre une hauteur de 4 à 5 mètres. Ses feuilles sont longuement lancéolées, aiguës, dentées; leur pétiole porte souvent deux ou quatre glandes au-dessous du limbe. Ses fleurs sont de couleur rouge pourpre. Ses fruits sont de grosses drupes succulentes; le plus souvent, ils sont colorés de pourpre sur le côté frappé par le soleil. Ils renferment un noyau ovoïde, épais et dur, se terminant souvent en pointe à son sommet, creusé de sillons profonds et sinueux. Dans ce noyau se trouve une amande ordinairement amère.

On connaît et on cultive un très grand nombre d'espèces ou de variétés de pêcher. On les distingue d'après les caractères de la peau et de la chair du fruit, la dimension des fleurs, la présence ou l'absence de glandes pétiolaires.

D'après la nature de la peau, on forme deux grandes catégories de pêchers : ceux dont le fruit a la peau duveteuse, et ceux dont le fruit a la peau lisse. Dans chaque catégorie, les variétés se subdivisent en deux sous-catégories, suivant que la chair est adhérente ou n'est pas adhérente au noyau. On obtient ainsi quatre grandes classes de pêches :

Pêches proprement dites, à peau duveteuse, à chair fondante, non adhérente au noyau;

Pavies, à peau duveteuse, dont la chair est ferme et adhérente au noyau;

Pêches lisses, ou nectarines, à peau lisse, à chair fondante, non adhérente au noyau;

Brugnons, à peau lisse, à chair ferme, adhérente au noyau.

Dans chaque classe, on peut former des sections d'après les caractères secondaires tirés de la grandeur des fleurs et de la présence ou de l'absence des glandes pétiolaires. On est arrivé à cataloguer ainsi environ deux cents variétés de pêches; un grand nombre ne présentent qu'un intérêt secondaire, mais dans chaque classe on trouve quelques variétés bonnes à cultiver et à répandre. Ces variétés diffèrent non seulement par la forme et la grosseur des fruits, mais aussi par l'époque de leur maturité.

Les variétés les plus répandues sont : la pêche de vigne, dont il existe un très grand nombre de formes, le plus souvent locales; la pêche Amsden, parmi les pêches hâtives; la Grosse mignonne, la Madeleine rouge, parmi les pêches de moyenne saison; la pêche Bonouvrier, parmi les pêches tardives. Les premières mûrissent de juin au milieu d'août, les deuxièmes du milieu d'août au milieu de septembre, les troisièmes du milieu de septembre en octobre.

Sol. — Comme tous les arbres fruitiers, le pêcher ne prospère pas également dans toutes les natures de terrain. Un sol argilo-calcaire, léger, s'égouttant facilement, sans excès de sécheresse, est celui qui lui convient le mieux. Au contraire, les terrains argileux lui sont défavorables; la végétation y prend une assez grande vigueur, au détriment de l'abondance et de la qualité des fruits.

Il convient que le sol soit défoncé assez profondément, à une profondeur de 50 centimètres et sur une largeur au moins double. Plus le défoncement est large et profond, mieux les arbres y viendront. Dans les jardins, lorsqu'il s'agit de planter des pêchers en espalier, si le terrain qui est au pied du mur ne convient pas à ces arbres, on peut profiter avec avantage du défoncement pour le remplacer par de la terre de meilleure qualité.

Les amendements calcaires sont ceux qui conviennent le mieux au pêcher; ils en favorisent la végétation. Les plâtras, la marne calcaire, le phosphate de chaux sont employés avec avantage.

Le climat exerce une très grande influence sur la végétation de l'arbre : les climats tempérés et réguliers lui sont nécessaires. Cet arbre redoute surtout les gelées tardives au printemps et les brouillards à toutes les périodes de sa végétation. Il résiste aux hivers ordinaires de la France; mais, dans les hivers rudes, surtout aux expositions non abritées, il succombe sous les atteintes du froid. Sous ce rapport, le pêcher est moins résistant que la vigne.

Les coteaux exposés au midi ou au sud-est, ainsi que les vallées dans lesquelles les variations atmosphériques sont peu intenses, constituent les meilleures expositions pour le pêcher.

Modes de culture. — On cultive le pêcher en plein vent ou en espalier.

La culture en plein vent est limitée, en France, à la région de la vigne. Les pêchers y sont souvent plantés dans les vignes, où ils constituent des arbres de petite taille, dont l'ombre n'est pas à craindre pour les raisins. Même dans cette région, la culture du pêcher dans les jardins se pratique presque exclusivement en espalier. En dehors de la région de la vigne, les fruits du pêcher en plein vent ne mûriraient pas régulièrement.

La culture en espalier est donc celle qui est généralement adoptée. Pour qu'elle réussisse, il convient que les murs présentent une bonne orientation. Les vents dominants et la topographie générale du pays peuvent exercer une influence sur cette orientation. En général, les expositions septentrionales (nord, nord-est et nord-ouest) doivent être prohibées; les meilleures expositions sont celles du sud et surtout du sud-est; l'exposition de l'est vient ensuite.

En espalier, le pêcher est conduit en grandes formes ou en petites formes.

Culture en plein vent. — La méthode de culture en plein vent est extrêmement simple. La multiplication se fait par semis des noyaux, en pépinière ou même sur place. Les jeunes arbres sont munis de tuteurs et abandonnés à eux-mêmes. Les soins de culture ne diffèrent pas de ceux qu'on donne à la vigne ; ils se bornent à quelques binages chaque année.

La taille n'est généralement pas pratiquée sur les pêchers en plein vent ; toutefois, il serait utile d'y recourir, au moins de temps en temps, pour régulariser la végétation de l'arbre et pour augmenter la production fruitière.

Culture en espalier. — On emploie deux méthodes de multiplication : le semis et la greffe.

Comme pour toutes les espèces d'arbres fruitiers, le semis est aléatoire. Les arbres qui en proviennent reproduisent rarement les caractères de la variété dont ils proviennent, et ils ont le plus souvent tendance à revenir au type primitif. Le semis n'est donc utile que lorsqu'on cherche à obtenir de nouvelles variétés ; mais le nombre des bonnes variétés nouvelles est toujours faible : par exemple, sur cent noyaux semés, il est possible que l'on obtienne au plus cinq ou six variétés bonnes à conserver et à propager.

Dans la pratique, la greffe est le seul mode de multiplication du pêcher que l'on doive adopter. On greffe le pêcher sur franc, sur amandier ou sur prunier. Le sujet à adopter est toujours obtenu par semis ; le choix dépend du climat.

Dans le midi de la France, la greffe du pêcher sur franc, c'est-à-dire la greffe sur pêcher de semis, donne le plus souvent d'excellents résultats.

La greffe sur amandier fournit des arbres très vigoureux : elle est adoptée généralement dans les plantations en terrains secs et profonds, surtout dans la région centrale. La variété à amande douce, à coque dure, est la plus souvent adoptée. Quelquefois, surtout dans les terrains maigres et arides, on remplace l'amandier par l'abricotier ; on emploie alors la variété commune.

Le prunier est le meilleur sujet dans les régions septentrionales et, d'une manière générale, dans les terrains humides et peu profonds ; il convient spécialement pour les pêches hâtives. Le prunier de Damas et le prunier Saint-Julien sont les variétés qui sont le plus souvent adoptées. On a préconisé, mais sans beaucoup de succès, le prunier myrobolan.

La greffe en écusson à œil dormant (voy. 11e leçon) est la

greffe adoptée pour le pêcher. On la pratique à 10 centimètres environ au-dessus du sol. On doit choisir les greffons sur des arbres vigoureux.

L'époque du greffage diffère suivant le sujet sur lequel on greffe. Les meilleures époques sont : greffe sur franc, fin d'août au milieu de septembre ; greffe sur amandier ou sur abricotier, du milieu à la fin d'août ; greffe sur prunier, de juillet au milieu d'août. Le succès paraît plus assuré lorsque le mouvement de la sève est sur son déclin.

La soudure du greffon se fait généralement au bout de douze à quinze jours. On rabat le sujet, à la fin de l'hiver suivant, au-dessus du bourgeon immédiatement supérieur à l'écusson ; on lie un peu plus tard au chicot le rameau qui sort de la greffe, pour qu'il prenne une direction verticale. A la fin de la première année de végétation, on enlève le reste du chicot en prenant les précautions nécessaires pour ne pas froisser les bourgeons de la base de la greffe, d'où sortiront les premières branches de l'arbre.

La meilleure méthode pour la multiplication du pêcher consiste à semer le sujet sur place. Cette méthode, qui assure la vigueur des arbres, est toujours applicable dans les jardins ; chez les arboriculteurs de profession, elle est remplacée par le semis et la greffe en pépinière.

Formes. — Le pêcher cultivé en espalier se prête à la plupart des formes imaginées par les arboriculteurs. Il se plie même à une foule de formes de fantaisie sur lesquelles il est inutile d'insister.

Les formes qui lui conviennent le mieux sont : parmi les grandes formes, l'éventail, la palmette, la forme en U ; parmi les formes moyennes, celle en candélabre et le cordon.

Le pêcher en *éventail*, ou pêcher carré, ou encore pêcher à la Montreuil, est obtenu (fig. 11) en rabattant l'arbre au-dessus de deux bourgeons, en A, de manière à obtenir deux branches auxquelles on donne une direction divergente. La deuxième année, on taille chacune de ces branches, pour obtenir deux rameaux, dont l'un formera le prolongement de la branche B, et dont l'autre constituera une première branche horizontale C. La troisième année, par une nouvelle taille, on prolonge encore la branche oblique, et on obtient une deuxième branche horizontale au-dessus de la première. Les années suivantes, la même opération se répète, jusqu'à ce que les deux branches B aient atteint la longueur voulue. A partir de ce moment, on laisse pousser sur les branches B des rameaux verticaux D, que l'on soumet à une taille plus ou moins longue, afin de remplir l'espace laissé vide au centre de l'arbre. Le temps nécessaire

Fig. 11. — Pêcher en éventail.

pour obtenir la forme définitive est assez long; d'autre part, l'arbre est constitué par deux systèmes de branches, les unes horizontales, les autres verticales; ces dernières, par leur position, tendent à prendre un excès de vigueur qu'on doit corriger par des ébourgeonnements pour maintenir l'équilibre de la végétation dans toutes les parties.

Cet inconvénient disparaît presque complètement, lorsque l'on diminue la divergence des deux branches mères, en donnant aux

branches inférieures une direction oblique, de manière à réduire
à deux ou trois le nombre des branches verticales (fig. 12).

La *palmette* consiste (fig. 22, page 81) en une tige verticale
sur laquelle partent à droite et à gauche des branches latérales,
lesquelles constituent la charpente de l'arbre et portent les branches fruitières. Ces branches latérales sont maintenues horizontales ou obliques. Dans le premier cas, lorsque l'arbre est
formé, la sève a tendance à s'accumuler dans les branches supérieures au détriment des branches inférieures ; on remédie à

Fig. 12. — Pêcher en grand éventail.

ces inconvénients en relevant verticalement l'extrémité des
branches inférieures.

A la palmette simple on peut substituer la palmette double.
Alors, on développe au bas de la tige deux branches auxquelles
on donne la direction verticale ; les branches charpentières sont
formées latéralement sur cette double tige.

Le *candélabre* est une autre forme qu'on peut appliquer au
pêcher ; cette forme sera spécialement décrite à l'occasion du
poirier (7ᵉ leçon).

On applique la *forme en U* aux pêchers que l'on veut palisser
sur des murs élevés. On rabat la tige comme dans l'éventail, et
on dirige les deux branches mères verticalement (fig. 15). On
obtient ainsi deux branches charpentières, qui sont garnies, à

droite et à gauche, de productions fruitières. La *forme en U double* est celle dans laquelle on fait naître sur la partie infé-rieure de chaque branche charpentière deux autres branches verticales, de manière à obtenir quatre branches principales verticales.

Le pêcher taillé en *cordon* consiste en une tige simple, qu'on élève obliquement le long du mur d'espalier, de telle sorte qu'elle forme avec le sol un angle d'environ 45 degrés. Cette forme permet de rapprocher beaucoup les arbres les uns des autres, et de les planter à une distance de 60 à 80 centimètres; elle assure une fructification rapide, mais elle présente l'inconvénient de diminuer la longévité des arbres dans des proportions notables.

Quelle que soit la forme adoptée pour le pêcher, le *palissage* est une condition essentielle de succès. Les murs élevés de 5 mètres et au delà sont ceux qui conviennent le mieux à cet arbre. On les garnit d'un cha-peron de 16 à 20 centimètres, qui forme abri. On doit les crépir à blanc, soit à la chaux, soit au plâtre. Si le mur est enduit de plâtre, on peut appliquer directement les branches en les étalant et en les fixant sur le mur par des chiffons de laine cloués; c'est ce qu'on appelle le *palissage à la loque.* Dans le cas contraire, on applique les branches sur un treillis qu'on place le long du mur avant la plantation; c'est ce qu'on appelle le *palissage sur treillis,* qui est le plus commun.

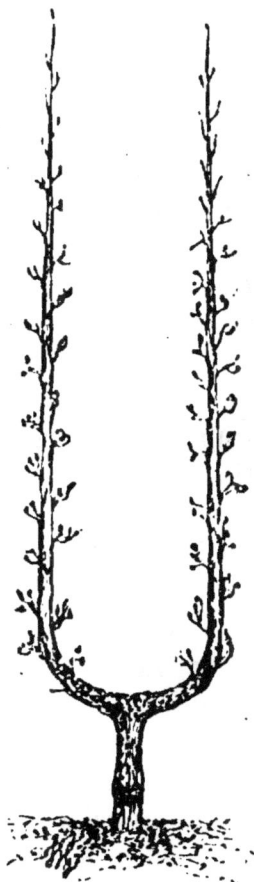

Fig. 15. —Arbre en U.

Les treillis sont en bois ou en fil de fer; on les place à une distance de 4 à 5 centimètres du mur. Les treillages en bois sont formés par des lattes en chêne ou en châtaignier, recouvertes de peinture pour en prolonger la durée; les unes sont hori-zontales et les autres verticales. Les lattes horizontales sont distantes de 20 centimètres, et les lattes verticales de 15 centi-

mètres. Les treillages en fils de fer sont formés par des fils verticaux qu'on fixe au haut et au bas du mur, à une distance
de 20 centimètres les uns des autres, et qui sont coupés à angle
droit par d'autres fils qu'on tend sur le mur en les espaçant
de 50 centimètres environ.

Le palissage est une opération délicate, qui exige beaucoup
de soins, pour ne froisser ni les rameaux ni les feuilles. Il peut
servir à réprimer le développement de certaines branches trop
vigoureuses, qu'on incline plus ou moins en les fixant au treillage.

Taille. — La taille sert, comme il a été dit précédemment,
à former la charpente de l'arbre et à provoquer la fructification.
Elle se pratique en hiver, avant le réveil de la végétation.

La longueur à laquelle on taille les branches dans la formation de la charpente dépend de la forme qu'on veut leur donner.
On en connaît déjà les principales conditions.

La taille à fruit repose sur le mode de végétation du pêcher,
qui fleurit sur le rameau de l'année. Sur un rameau, on distingue les bourgeons à bois et les bourgeons à fruits ou boutons;
il se termine ordinairement par un bourgeon terné, c'est-à-dire
formé par la réunion de trois bourgeons, dont deux à fruits et
un à bois. Il constitue ainsi ce qu'on appelle la *branche fruitière*, qui doit être portée par une des branches de la charpente
de l'arbre.

Le but de la taille est de développer chaque année ce qu'on
appelle une branche de remplacement, qui succédera l'année
suivante à la branche fruitière de l'année, l'espalier restant garni
sur toute sa surface.

La branche de remplacement est prise sur les bourgeons à
bois qui naissent au talon de la branche fruitière. On laisse développer le bourgeon de la base à l'exclusion des autres, on palisse
le rameau qui en sort, et à la taille suivante on rabat la branche
qui a fructifié, immédiatement au-dessus de la branche de remplacement. Au talon de celle-ci, qui devient branche fruitière,
se développe un nouveau bourgeon d'où sortira le futur rameau
de remplacement, et ainsi de suite.

Quant à la longueur à laquelle il convient de tailler la branche fruitière, elle dépend de l'arbre et du nombre de boutons

que porte cette branche. En règle générale, si le pêcher est vigoureux, il convient de tailler long ; on obtient ainsi le maximum de fruits, sans craindre de fatiguer l'arbre. Au contraire, si le pêcher est faible, s'il est placé dans de mauvaises conditions de terrain, s'il a été éprouvé par des gelées ou d'autres accidents, il peut être prudent de tailler court, c'est-à-dire au-dessus des deux ou trois premiers boutons à fruits ; dans ce cas, on diminue la production fruitière de l'année, mais on a chance d'obtenir un rameau de remplacement plus vigoureux. Il y a d'ailleurs là une question d'appréciation locale, que l'expérience permet seule de résoudre ; la pratique et l'observation de chaque arbre fournissent des indications que la théorie ne peut donner.

Lorsqu'un arbre végète régulièrement, on doit supprimer chaque année les *gourmands*, c'est-à-dire les rameaux qui naissent souvent à l'insertion des branches fruitières sur la charpente.

Il peut arriver qu'un accident fasse périr une branche fruitière et son rameau de remplacement ; une partie de la charpente reste alors dénudée. Pour y remédier, on a recours à la greffe par approche herbacée. A cet effet, au commencement de l'été, on soulève l'écorce au point dénudé par une incision longitudinale de 4 à 5 centimètres et deux incisions transversales, on incise également un jeune rameau développé un peu plus bas, on couche ce rameau sur la branche, on le glisse au-dessous de l'écorce soulevée et on ligature. La soudure s'opère, et on obtient ainsi un nouveau rameau qu'on affranchit et qui peut servir à constituer une branche fruitière pour remplacer celle qui a disparu.

Soins de culture. — Les principaux soins de culture à donner au pêcher consistent en labours du sol et en binages pour en assurer la propreté.

Au printemps, on garnit les espaliers d'abris, paillassons ou toiles, pour éviter les effets des gelées printanières soit sur les fleurs, soit sur les jeunes fruits.

Il peut arriver que, la fructification s'étant faite régulièrement, les arbres portent un nombre de fruits tel que l'arbre en soit fatigué. Dans ce cas, on en supprime quelques-uns sur

les branches où il s'en trouve en excès. Cette opération se fait
lorsque les pêches ont atteint la grosseur d'une noisette.

Pendant la végétation, outre le palissage, on pratique la
taille en vert ou taille d'été; elle consiste à rogner les pousses
trop actives, qui tendent à absorber la sève de l'arbre aux
dépens des fruits. Les proportions dans lesquelles il convient
de pratiquer la taille en vert, dépendent de la vigueur des
arbres, des conditions climatériques de l'année et de circonstances locales d'après lesquelles on doit se guider. On enlève
les rameaux qui sont dirigés du côté du mur, car ils ne peuvent
être d'aucune utilité.

Récolte des fruits. — Lorsque l'époque de la maturité des
pêches approche, il convient d'enlever les feuilles qui ombragent
les fruits et arrêtent les rayons solaires. Toutefois, on doit
éviter d'enlever une trop grande quantité de feuilles, car on
risquerait d'arrêter la végétation de l'arbre.

On récolte les pêches à la main, avec les soins nécessaires
pour ne pas entamer l'épiderme des fruits, qui est très délicat.
Les pêches dont l'épiderme est entamé ne se conservent pas,
et elles perdent rapidement presque toute leur saveur. — Lorsqu'on veut faire voyager des pêches, on a soin de les cueillir le
matin après la disparition de la rosée, ou bien dans la soirée.
Si on les cueille au milieu du jour, on les laisse se refroidir
dans une chambre fraîche avant de procéder à l'emballage.

Maladies du pêcher. — Le pêcher est atteint par plusieurs
maladies dont les unes lui sont spéciales et les autres sont
communes aux arbres du même genre.

La *gomme* est caractérisée par des sécrétions qui se produisent
sur les rameaux et les branches, dont les tissus sont corrodés
par le suc âcre de ces sécrétions. Ces altérations paraissent dues
à des engorgements de la sève, provenant d'une gêne apportée
à la circulation de ce liquide, soit par la dessiccation des écorces,
soit par des accidents météorologiques. On enlève jusqu'au vif,
avec une serpette bien tranchante, les parties attaquées. Sur
les vieilles branches, on peut prévenir la gomme par des incisions longitudinales sur les écorces.

La *cloque* est un boursouflement des jeunes feuilles du pêcher,
qui se décolorent, se dessèchent et tombent. Si elle atteint

toutes les feuilles d'un rameau, celui-ci est exposé à disparaître. Cette altération paraît provenir de l'action du froid sur les jeunes rameaux. On la prévient en abritant les arbres au printemps.

Le *rouge* est une maladie assez rare; les rameaux perdent leur teinte naturelle pour se colorer en rouge. L'arbre atteint meurt assez rapidement. On ne connaît pas les causes de cette altération.

Le *meunier* ou *blanc* du pêcher est caractérisé par des taches de poussière blanche qui se montrent sur les feuilles, sur les rameaux et sur les fruits. Ces taches sont dues au développement d'un champignon microscopique mal défini jusqu'ici. L'emploi du soufre en poudre projeté avec un soufflet, comme pour la vigne contre l'oïdium, est le meilleur moyen de détruire le blanc.

Le *blanc des racines* est une altération des racines, qui provoque la mort de l'arbre; il est dû à la propagation d'un champignon du genre Rhizoctone, dont les filaments s'attachent aux racines. On constate surtout cette altération sur les pêchers greffés sur franc ou sur amandier. On ne connaît pas encore de procédé pour la combattre.

Parmi les animaux parasites du pêcher, il faut citer surtout : les *rats*, qui recherchent les pêches à peine mûres; les *fourmis*, qui rongent les boutons et les fruits; la *teigne du pêcher*, dont la larve ronge les feuilles dans lesquelles elle s'enveloppe; le *puceron du pêcher*, qui s'attaque aussi aux feuilles, qu'il déforme en absorbant les liquides du tissu; les *forficules* ou perce-oreilles, qui s'attaquent aux fruits. On combat ces ennemis soit par la chasse directe, soit en enlevant les feuilles atteintes, soit par l'aspersion des branches et des rameaux avec une décoction de jus de tabac.

6ᵉ LEÇON

ABRICOTIER, CERISIER, PRUNIER

Sommaire. — Caractères de ces arbres. — Variétés. — Sol, exposition, climat. — Méthodes de multiplication. — Formes, taille. — Soins de culture. — Récolte et conservation des fruits. — Maladies et parasites.

ABRICOTIER. — L'abricotier est un arbre de petite taille, dépassant rarement la hauteur de trois à quatre mètres. Ses feuilles sont ovales ou cordiformes, d'un vert clair en-dessus, plus pâle en-dessous. Ses fleurs sont blanches ou roses. Ses fruits sont des drupes globuleuses, plus ou moins grosses suivant les espèces, marquées d'un léger sillon, à peau jaune orangé ou présentant une nuance spéciale dite abricotée; la chair est juteuse et parfumée; le noyau, non adhérent à la chair, est ovale, sillonné sur les bords, avec un bout aigu.

L'abricotier appartient à la tribu des Amygdalées, famille des Rosacées. Pour certains botanistes, il forme un genre spécial (*Armeniaca*); pour d'autres, une section du genre Prunier. L'abricotier commun (*Armeniaca vulgaris, Prunus armeniaca*) est le seul cultivé pour ses fruits; on en connaît un assez grand nombre de variétés, dont les principales sont les suivantes :

L'*abricotin* ou *abricot précoce*, à fruit petit, jaune pâle, teinté de rouge mûrissant dès la fin de juin;

L'*abricot commun*, à fruit moyen, tantôt légèrement ovoïde, tantôt irrégulièrement globuleux, à peau duveteuse et épaisse, jaune orangé du côté frappé par le soleil, jaune pâle du côté opposé, à chair juteuse et assez parfumée, à noyau assez gros, à amande amère;

L'*abricot alberge*, à fruit petit, un peu comprimé aux deux extrémités, à peau jaune verdâtre, tournant au rouge du côté exposé au soleil, marqué de nombreux points rougeâtres, à chair fine et agréable;

L'*abricot-pêche* ou *abricot de Nancy*, à fruit gros, globuleux, à sillon large, à peau jaune tachetée de carmin, à chair fine et parfumée;

L'*abricot royal*, à fruit gros et globuleux, mais irrégulier, à peau jaune orangé tachetée de pourpre, à chair jaunâtre, fondante et parfumée, à amande amère.

La floraison de l'abricotier est très précoce; les bourgeons se développent rapidement au printemps, parfois dès le commencement de mars. Il en résulte que les gelées printanières sont souvent funestes à cet arbre. La maturation du fruit demande une assez grande somme de chaleur; aussi est-il peu cultivé sous les climats septentrionaux. Suivant les variétés, la maturité arrive depuis la fin du mois de juin jusqu'au milieu d'août.

Sol, climat. — L'abricotier vient bien dans la plupart des sols, pourvu qu'ils soient bien ameublis et qu'ils ne présentent pas un excès d'humidité. Les terres argileuses et compactes lui sont défavorables; celles où il prospère le mieux sont les terrains silico-calcaires.

Les amendements calcaires et les engrais consommés lui sont favorables. Dans le midi de la France, on pratique avec succès l'arrosage de l'abricotier à la fin du printemps.

Les climats brumeux et à printemps variable sont ceux sous lesquels la floraison de l'abricotier court les plus grands risques. On doit y choisir, autant que possible, pour cet arbre, les situations abritées. Il se plaît aux mêmes expositions que le pêcher.

Modes de culture. — On cultive l'abricotier en plein vent ou en espalier.

La culture en plein vent est la plus commune. Celle en espalier ou en contre-espalier se pratique surtout dans les jardins de la région septentrionale. Les abricotiers en plein vent sont le plus souvent plantés en lignes dans les vergers, ou bien en bordure des champs ou des vignes.

Méthodes de multiplication. — On multiplie l'abricotier par semis ou par greffe. Le semis réussit régulièrement pour reproduire quelques variétés; mais, en général, les arbres greffés sont plus vigoureux que les arbres francs de pied.

Pour les semis, on choisit les plus beaux noyaux, et on les stratifie dans du sable humide, immédiatement après la récolte. A l'automne, on les sème en bonne terre franche, à cinq centimètres de profondeur, et on recouvre d'un paillis. Les semis se font toujours sur place pour les arbres à haute tige; pour la culture en espalier, on pratique surtout les semis en pépinière.

La transplantation subséquente permet de détruire le pivot, ce qui favorise le développement des racines latérales.

La greffe généralement adoptée est la greffe en écusson à œil dormant; on la pratique en juillet ou en août. Quelquefois on emploie la greffe anglaise simple au printemps (voy. 14e leçon). Les greffons pris sur des arbres en plein vent, et de grosseur moyenne, sont ceux qui donnent les meilleurs résultats. On greffe en tête ou en pied, suivant qu'on veut obtenir un arbre à haute tige ou un arbre d'espalier. Les sujets ordinairement employés pour la greffe sont le prunier (prunier Saint-Julien, prunier de Damas, ou prunier myrobolan), le pêcher et, dans le midi de la France, l'amandier. La greffe sur franc peut réussir, mais elle n'est que rarement adoptée.

Formes. — La forme de vase, dans laquelle les branches charpentières entourent le sommet de la tige, est celle qui est le plus généralement adoptée pour l'abricotier en plein vent. La tige étant rabattue à la hauteur de 1m,70 à 2 mètres, on opère la greffe; on taille le rameau qui en sort au-dessus de trois bourgeons, pour former les branches du vase. Celui ci se développe sur ces premières branches.

En espalier et en contre-espalier, l'abricotier se plie aux mêmes formes que le pêcher. La plus commune est celle en éventail à branches obliques. On rabat le jeune arbre à 25 ou 50 centimètres au-dessus du sol; on choisit deux ou quatre des rameaux les plus vigoureux et on leur donne une direction plus ou moins oblique, suivant la largeur que l'arbre doit occuper sur le mur. A la deuxième année, on taille les branches plus ou moins longues suivant leur vigueur. On ne conserve que les rameaux les mieux placés, sur lesquels les boutons se développent à la troisième année. Pendant les années suivantes, les principaux soins consistent à maintenir les branches charpentières bien garnies de productions fruitières et à assurer la régularité de leur direction. L'arbre est palissé chaque année avec soin.

Pendant la végétation, on pratique l'ébourgeonnement et le pincement suivant la vigueur des pousses, comme pour le pêcher.

Récolte des fruits. — Il est bon de ne pas attendre que la maturité des abricots soit complète, car les fruits mûrs ne se conservent pas sur l'arbre. On doit éviter de meurtrir l'épiderme, la pourriture en est la conséquence ; les chocs un peu violents suffisent d'ailleurs pour la provoquer.

Les abricots sont consommés frais, et ils entrent dans la préparation de compotes, de gelées, de confitures, etc. Dans le commerce, on a l'habitude de désigner ces fruits surtout par leur provenance.

Maladies et parasites. — La *gomme* est la maladie la plus commune de l'abricotier ; elle présente les mêmes caractères que pour le pêcher (voy. 5ᵉ leçon).

Les *forficules*, les *fourmis*, les *pucerons* s'attaquent soit aux bourgeons, soit aux fruits.

CERISIER. — Le cerisier est un arbre assez grand, à feuilles condupliquées dans le bourgeon, à fleurs nées avant les feuilles ou en même temps qu'elles, disposées en ombelles ou en grappes courtes, blanches ou légèrement rosées, à fruit en drupe à épicarpe lisse, petit, à mésocarpe charnu ou fibreux, recouvrant un noyau à surface le plus souvent lisse, rarement rugueuse.

Le cerisier appartient à la tribu des Amygdalées, famille des Rosacées. Pour certains botanistes, il forme un genre spécial, *Cerasus* ; pour d'autres, il est, comme le pêcher et l'abricotier, une section du genre Prunier. Il paraît originaire d'Asie, d'où il s'est répandu en Europe à une époque très reculée.

Généralement, on distingue quatre espèces de cerisier :

Le *cerisier commun* ou *griottier*, arbre de moyenne grandeur à rameaux étalés, à feuilles assez petites, à fruit globuleux, parfois légèrement déprimé, rouge clair, luisant, à chair molle, très juteuse, acide ou acidulée ;

Le *guignier*, à fruit globuleux ou affectant la forme de cœur, assez gros, de couleur rouge foncé ou rouge noir, à chair tendre, très sucrée, parfois assez ferme ;

Le *bigarreautier*, arbre de grande taille, à rameaux droits, garnis de feuilles larges et pendantes, à fruit oblong, gros, de couleur rouge pâle ou même blanc jaunâtre, à chair ferme et sucrée ;

Le *cerisier des oiseaux* ou *merisier*, arbre de grande taille, à fruit globuleux, rouge ou noirâtre à la maturité, à chair tendre, douée d'une certaine amertume.

Decaisne n'admet que deux espèces de cerisier : la première, constituée par le cerisier commun, auquel se rattacheraient le guignier et le bigarreautier; la deuxième, constituée par le merisier.

Quoi qu'il en soit de ces distinctions, on distingue, dans l'usage courant, les cerises douces et les cerises acides. Les fruits du bigarreautier et du guignier appartiennent à la première catégorie, ceux du griottier à la seconde catégorie. Par la culture, on a obtenu un très grand nombre de variétés; les plus répandues sont les suivantes : la cerise anglaise, la cerise royale, la cerise de Montmorency à courte queue, la cerise franche, le bigarreau rouge, le bigarreau jaune, la guigne pourprée, etc.

Sol et climat. — Le cerisier est un arbre très robuste, qui réussit dans toutes les parties de la France, et que l'on peut cultiver dans presque tous les sols. Néanmoins les terrains qui lui conviennent le mieux sont les sols calcaires, un peu profonds; c'est seulement dans les terres peu profondes, exposées à des sécheresses prolongées, que cet arbre périclite et reste rabougri.

Quant à l'exposition, le cerisier peut prospérer en plaine ou en montagne; les situations ouvertes et bien exposées au soleil lui sont particulièrement favorables. La principale différence provenant des conditions climatériques est dans la plus ou moins grande rapidité avec laquelle les fruits arrivent à maturité.

Modes de culture. — Le cerisier est cultivé le plus souvent à haute tige et en plein vent. Plus rarement on le cultive en espalier ou en contre-espalier.

En plein vent, le cerisier forme des vergers, ou bien des bordures le long des champs ou des vignes. Le même espacement ne convient pas pour toutes les variétés; en terrain de fertilité ordinaire, on espace de 5 à 6 mètres les variétés de taille moyenne, et de 8 à 10 mètres celles de grande taille, notamment les bigarreautiers. On ne peut d'ailleurs fixer de règle générale, car l'espacement dépend aussi de la nature des terrains. Dans les vergers, on conduit parfois les cerisiers à demi tige seulement, afin que la cueillette des fruits soit plus facile.

On protège les jeunes arbres par des tuteurs et par des armures.

Méthodes de multiplication. — On multiplie le cerisier par le semis ou par la greffe.

Le semis est adopté pour obtenir des variétés nouvelles, ou pour former des sujets propres à la greffe. On le pratique de la même manière que pour l'abricotier.

Les sujets qui servent le plus souvent pour la greffe sont le merisier et le prunier de Sainte-Lucie ou mahaleb, arbre à rameaux étalés, de la taille de 5 à 6 mètres, produisant un petit fruit noir et globuleux. Le merisier sert surtout pour les cerisiers qu'on conduit à haute tige, et le mahaleb pour ceux à basse tige.

La greffe en écusson à œil dormant, la greffe en fente et la greffe en couronne (voy. la 11e leçon), sont celles qui réussissent pour le cerisier; cette dernière est peu usitée. Le plus souvent on se sert de la greffe en écusson; quant à la greffe en fente, elle se pratique surtout sur le merisier comme sujet.

L'époque de la greffe en écusson varie avec le sujet; elle se fait de juillet en août sur le merisier, plus tard sur le cerisier de Sainte-Lucie, parce que la végétation de cet arbre se prolonge pendant plus longtemps. Sur le merisier élevé à haute tige, on place le greffon à 2 mètres au-dessus du sol; sur le cerisier de Sainte-Lucie qui porte les arbres à demi-tige ou à basse tige, on greffe en pied, à 10 centimètres seulement au-dessus du sol.

La greffe en fente exige des sujets de petit diamètre (1 centimètre environ). Les deux époques pour la pratiquer sont le commencement du printemps et l'automne.

Formes. — Sur les arbres de plein vent en verger et en bordure, on doit, pendant les deux ou trois premières années, tailler les jeunes branches venues sur la greffe, afin de donner aux arbres une forme évasée. Sur les arbres à demi-tige, on facilite cet écartement en maintenant les branches par un cerceau qu'on enlève plus tard; l'arbre croît ensuite librement. — Dans les jardins, on peut donner à ces arbres la forme de *pyramide*, quand on les cultive en plates-bandes, en les espaçant de 3 à 4 mètres. Dans la pyramide, les arbres sont garnis de branches charpentières depuis la partie inférieure de la tige jusqu'au sommet, en présentant une forme conique. On doit tailler assez long les branches charpentières; les branches fruitières se développent sur celles-ci. La floraison se produit sur de petits rameaux qui s'allongent faiblement chaque année, et qui ne fleurissent que la deuxième année.

En espalier et en contre-espalier, on donne au cerisier la forme en palmette à branches horizontales, obliques ou verticales. Le choix entre ces formes dépend à la fois de la hauteur du mur et de la surface qu'on veut couvrir; la distance entre les arbres varie de 3 à 4 mètres suivant la nature du sol. La taille, qui est peu compliquée, a principalement pour objet de maintenir les productions fruitières sur toute la longueur des branches charpentières. On doit maintenir les branches fruitières assez courtes, pour qu'elles ne sortent pas de l'espace de 25 à 30 centimètres qu'on ménage entre les branches principales; celles-ci sont palissées de telle sorte qu'elles restent parallèles.

Lorsque le cerisier commence à vieillir, on peut le rajeunir en rabattant les branches de la charpente sur les petits rameaux de leur base.

Soins de culture. — Pendant la végétation, les principaux soins consistent en pincements des rameaux, lorsqu'ils tendent à se développer à l'excès, afin d'attirer la sève dans les branches fruitières.

Récolte des fruits. — La maturité de tous les fruits ne se produit pas en même temps. La cueillette peut se prolonger pendant plusieurs semaines, d'autant plus que les fruits mûrs se conservent bien sur l'arbre.

Les cerises cueillies se gâtent rapidement; on doit les consommer ou les soumettre sans retard aux préparations qu'on veut leur faire subir.

Maladies et parasites. — Les maladies principales du cerisier sont : la *gomme*, le *blanc des racines* et le *plomb*.

La *gomme* est analogue à celle du pêcher (voy. 5e leçon, page 60). On la combat en tranchant toute la partie atteinte jusqu'au bois sain, et en couvrant la plaie de cire à greffer.

Le *blanc des racines* entraîne la pourriture des racines sur lesquelles les filaments du champignon se développent; on doit enlever l'arbre malade et s'abstenir de planter à la même place pendant deux ou trois ans.

Le *plomb* est une altération des feuilles qui présentent une teinte pâle et glauque, avec un reflet métallique; elles se fendillent et tombent plus vite que les feuilles saines; les fruits ne mûrissent pas. Cette altération paraît provenir du gonflement des cellules qui laissent entre elles des vides dans lesquels l'air pénètre, ce qui entraîne l'arrêt de leur fonctionnement.

Les principaux parasites du cerisier sont : les *oiseaux*, qui sont friands des cerises mûres; l'*ortalide des cerises*, insecte diptère qui dépose ses œufs dans le jeune fruit où les larves se développent; le *puceron noir*, qui attaque l'extrémité des rameaux herbacés et en entrave la pousse. On combat le puceron en aspergeant les branches avec une décoction de jus de tabac.

PRUNIER. — Le prunier est un arbre de petite ou de moyenne taille, à feuilles simples, alternes, enroulées dans le bourgeon, à fleurs précoces, à fruit en drupe oblongue ou globuleuse, glabre, couverte d'une sorte de poussière bleuâtre, à chair plus ou moins ferme et juteuse, à noyau comprimé, pointu aux deux bouts, creusé d'un sillon sur les deux bords, à amande le plus souvent amère.

Le prunier proprement dit est considéré par les botanistes soit comme un genre spécial, soit comme une section du genre Prunier. Il est originaire d'Asie, et il a été introduit en Europe dès la plus haute antiquité. On en cultive plusieurs espèces, qui ont donné un grand nombre de variétés. On peut les diviser en deux grandes catégories, suivant que les fruits sont consommés à l'état frais ou qu'ils sont convertis en pruneaux. Les principales variétés ont été classées par Decaisne comme il suit :

Prunes à pruneaux, qu'on dessèche au four, grosses, ovoïdes, à peau généralement violette et à chair jaune; on cultive surtout, dans cette catégorie, la quetsche, la prune d'Agen ou robe de sergent ou prune d'ente, la prune de Damas, le perdrigon violet;

Prunes Reine-Claude, fruits gros, sphériques, à peau plus ou moins rougeâtre du côté du soleil, verdâtre ou jaune pâle du côté opposé, à chair juteuse et parfumée; il en existe un certain nombre de variétés qui diffèrent surtout par la grosseur et par l'époque de maturité;

Perdrigons, petites prunes ovoïdes, à chair fondante, sucrée, dont on cultive deux variétés, le perdrigon blanc et le perdrigon rouge ;

Mirabelles, fruits petits, ronds ou presque ronds, à peau jaune, plus ou moins piquetée de rouge ;

Prunes de Monsieur, fruits moyens ou gros, ronds ou légèrement ovoïdes, d'un beau coloris violacé, à chair moins parfumée que celle des prunes Reine-Claude ;

Prunes de Damas, fruits ovoïdes, allongés et petits, à peau plus ou moins violette, à chair acidulée et sucrée.

Sol, climat. — Le prunier est un des arbres fruitiers les plus robustes. Toutefois, comme sa floraison est très précoce, et qu'elle arrive dès le mois de mars, l'arbre est sujet, dans le nord et le nord-est de la France, à perdre ses fleurs ou ses jeunes fruits par l'effet des dernières gelées du printemps.

Les sols argilo-calcaires sont ceux qui lui sont le plus favorables, surtout dans la région méridionale ; mais il s'accommode de presque toutes les natures de terrains, pourvu qu'ils ne présentent pas un excès d'humidité. Les sols sujets à la sécheresse ne lui conviennent pas non plus.

Les meilleures expositions sont celles sur les penchants des coteaux inclinés vers le levant ou le sud-est, c'est-à-dire les expositions chaudes et bien ouvertes aux rayons du soleil. Dans le midi, on peut planter à toutes les expositions.

Modes de culture. — Le prunier est le plus souvent cultivé en plein vent ; ce n'est que rarement qu'on le cultive en espalier.

Les arbres en plein vent ne sont taillés que dans les premières années pour former la charpente. Quant aux arbres en espalier, ils sont soumis à une taille en sec ou d'hiver régulière et annuelle.

Méthodes de multiplication. — On multiplie le prunier par semis, par greffe ou par drageons.

La multiplication par drageons n'est pas à recommander, car elle ne donne le plus souvent que des sujets chétifs ; cependant il y a exception pour quelques variétés, notamment pour le prunier d'Agen.

Le semis des noyaux est exclusivement adopté pour obtenir les sujets propres à la greffe ; néanmoins plusieurs variétés se reproduisent presque identiques par le semis.

La greffe en écusson à œil dormant, pratiquée à la fin de l'été, comme pour les autres espèces d'arbres à fruits à noyau, est celle qui donne les meilleurs résultats. La greffe se pratique sur prunier franc; le prunier de Damas, le prunier de Saint-Julien et le prunier mirobolan sont ceux qu'on choisit comme sujet. La greffe se fait en tête ou en pied : on préfère souvent la greffe en pied, en rabattant le sujet à 10 centimètres au-dessus du sol, car les arbres ainsi greffés ont généralement une tige plus droite et plus régulière. Quelquefois, mais rarement, on applique au prunier la greffe en fente. On doit choisir toujours les greffons sur des arbres vigoureux et donnant de bons fruits.

Formes. — La taille des pruniers en plein vent est des plus simples. La forme en vase est celle qu'on cherche à leur donner. A cet effet, on provoque le développement, au sommet de la tige, de deux, trois ou quatre rameaux qui doivent devenir les branches charpentières; on les rogne plus ou moins long, en biseau, au-dessus d'un bourgeon pour que les pousses subséquentes forment le prolongement de la branche. Des liens maintiennent ces branches inclinées pour qu'elles prennent une direction divergente. Pendant les deux ou trois années suivantes, on répète la taille suivant les mêmes principes, puis on abandonne l'arbre à lui-même, en se bornant à des émondages répétés de temps en temps et à l'enlèvement des branches mortes.

Dans les jardins, on conduit les pruniers en pyramide quand il s'agit d'arbres de plein air, ou en palmette, quand il s'agit d'arbres en espalier. La palmette est disposée comme pour le cerisier.

Quant à la taille en vue de la fructification, elle repose sur ce fait que la branche à fruit de deux ans s'annule après avoir fructifié, et que sur son prolongement se montrent de nouveaux rameaux de remplacement, destinés à porter ultérieurement des fleurs. On maintient les productions fruitières aussi près que possible des branches principales.

Soins de culture. — Les soins à donner pendant la végétation sont les mêmes que pour le cerisier. Les composts et les terreaux bien préparés, les engrais salins, les chiffons de laine sont les engrais les plus appropriés pour le prunier.

Récolte des fruits. — L'époque de maturité des prunes change suivant les climats et suivant les variétés. La maturité commence généralement vers le milieu de juillet, pour se terminer avec la fin du mois de septembre.

On ne doit cueillir les fruits que lorsqu'ils sont parfaitement mûrs; ils se détachent d'ailleurs de l'arbre au moment de la maturité. On récolte généralement les prunes en secouant légèrement les arbres; on doit consommer sans retard les fruits qui tombent prématurément. Quand on procède à la cueillette, il faut prendre les précautions nécessaires pour que les fruits ne se meurtrissent pas en tombant.

Les prunes que l'on veut convertir en pruneaux sont étendues sur de la paille sèche ou sur des claies, exposées pendant un jour ou deux au soleil pour subir un commencement de dessiccation; puis elles sont soumises à la cuisson soit dans des fours ordinaires, soit dans des étuves spéciales. Après la cuisson, on trie les fruits pour les répartir en catégories d'après leur apparence et d'après leur grosseur.

Les prunes fraîches sont transformées et conservées de diverses façons.

Maladies et parasites. — Comme les autres arbres à fruits à noyau, le prunier est sujet à la *gomme*. On la combat comme pour le pêcher ou le cerisier.

Les brouillards, les coups de soleil peuvent déterminer la *brûlure* ou la *coulure* des fruits. On y obvie, dans les jardins, pendant la floraison par des abris temporaires.

Un grand nombre d'insectes sont parasites du prunier. Le ver blanc du *hanneton* s'attaque à ses racines, surtout pour les jeunes arbres; le *scolyte du prunier* creuse des galeries longues et étroites dans le tronc et dans les branches; le *bombyx livrée*, le *cimbex*, la *tordeuse du prunier*, le *puceron du prunier* rongent les feuilles et en détruisent le parenchyme; enfin la *pyrale du prunier*, la *tenthrède*, la *phalène du prunier*, le *rhynchite* ou charançon du prunier vivent aux dépens des fruits dont leurs larves dévorent la pulpe. On combat ces insectes par l'échenillage, les fumigations, les émulsions de jus de tabac ou de savon noir, etc.

7ᵉ LEÇON

POIRIER

Sommaire. — Caractères du poirier. — Mode de végétation. — Énumération des variétés. — Sol et climat favorables à cet arbre. — Modes de culture. — Méthodes de multiplication. — Formes à l'air libre et en espalier. — Taille. — Soins de culture. — Récolte des fruits. — Maladies et parasites.

La tribu des Pomacées, dans la famille des Rosacées, renferme un certain nombre d'arbres dont le fruit à réceptacle charnu, ordinairement couronné du calice ou de ses cicatrices, forme une pomme qui enveloppe les carpelles logés dans un endocarpe coriace et membraneux. Parmi les genres ou les espèces que cette tribu renferme, trois présentent un très grand intérêt pour l'arboriculteur : le *poirier*, le *pommier* et le *cognassier*. A la même tribu appartiennent le *néflier*, l'*alisier*, le *sorbier*, l'*aubépine*. Leurs fruits sont dits *fruits à pépins*.

Le *Poirier* (*Pyrus*) est un arbre de taille moyenne, à feuilles simples, à fleurs en corymbes, blanches, garnies de bractées caduques, à calice très évasé, à ovaire à cinq loges, à fruit allongé et renflé à son extrémité ombiliquée. Le Poirier commun (*Pyrus communis*) est la principale espèce de ce genre; ses feuilles sont ovales, glabres et luisantes, un peu dentelées; ses fleurs sont groupées en corymbes par six à douze; ses fruits, petits et acerbes à l'état sauvage, ont été considérablement grossis et adoucis par la culture.

Le poirier commun, indigène en Europe et en Asie, est le principal arbre fruitier de l'ancien monde. Les Romains en comptaient trente-six variétés; aujourd'hui les catalogues des arboriculteurs en renferment plus de trois mille. Ce nombre est certainement exagéré à raison des erreurs de synonymie; mais on peut affirmer qu'il existe environ mille variétés de poires plus ou moins distinctes.

Toutes ces variétés ne sont pas également bonnes. De nombreuses méthodes ont été proposées pour les classer. Celle qui présente le plus d'avantage, en ce qu'elle est la plus pratique, consiste à répartir les variétés en deux grandes catégories : *poires de table* ou à couteau et *poires à cuire*. Quant aux poires de table, on les distingue, suivant leur ordre de maturité, en poires d'été, poires d'automne et poires d'hiver. Ce classement ne peut pas être rigoureux, car les mêmes variétés ne mûrissent pas en même temps partout; la maturité est plus hâtive dans le midi que dans le centre et surtout dans le nord de la France. D'un autre côté, les poires d'été sont presque les seules qui arrivent régulièrement à maturité à la même époque de l'année, de juin en juillet; les variétés d'automne sont en avance ou en retard suivant les conditions climatériques de l'année; les écarts sont encore plus grands pour les poires d'hiver.

En tenant compte de tous ces faits, Decaisne a établi la classification suivante, pour le climat de Paris, des meilleures variétés de poires :

Poires d'été et d'automne, par ordre de maturité depuis juillet jusqu'en octobre et novembre : Poires Guenette, Blanquet, Giffard, Épargne, Milan blanc, Duchesse de Berry, d'Angleterre, Bergamote, poire sans pépins, Doyenné d'été, Williams, Romaine, Saint-Michel, Fondante des Bois, de Charneu, Gracioli, Double-Philippe, Montigny, Louise bonne d'Avranches, Superfine, Thompson, Bosc, des Urbanistes, Beurré gris, Marquise, Paternoster, Léopold Riche, Hardy, Sucrée de Montluçon, Bronzée, Diel, Nec plus Meuris, Aurore, Crassane, Clairgeau, Goulu morceau ;

Poires d'hiver : Poires de Rance, Doyenné d'hiver, Muscat Lallemand, Colmar, Passe-Colmar, Oken, Saint-Germain, Orpheline d'Enghien, Chaumontel, Fortunée ;

Poires à cuire, qui sont aussi des poires d'hiver : Poires d'Arenberg, Bon-Chrétien, Martin-sec, Messire-Jean, Cotillard ou Catillac, Angélique de Bordeaux, de Livre, Cerveau, Gilot, Rousselet, Angleterre d'hiver, Jaminette, du Quessoy, Saint-Gall.

Sous le rapport de la grosseur, les variétés des poires diffèrent du simple au triple et au delà; la qualité ne dépend pas de la grosseur, mais de la finesse et du parfum de la chair. Pour une même variété, la qualité peut différer suivant les lieux, le climat et la nature du terrain.

Sol et climat. — Le poirier est un arbre des climats tempérés. Il vient bien dans toutes les parties de la France; mais c'est dans la région centrale du pays que le plus grand nombre des variétés trouvent les meilleures conditions pour leur développement. Dans le midi, le nombre des variétés qu'on peut cultiver avec succès diminue; il en est de même dans le nord. Les climats brumeux lui sont défavorables.

La longévité du poirier franc peut être très grande; on cite quelques arbres plus que séculaires, en plein vent, qui ont pris des proportions énormes, et dont la fécondité se soutient, en donnant des hectolitres de fruits.

La plupart des sols, sauf ceux qui sont trop humides, sont convenables pour la végétation du poirier. Les meilleurs terrains pour cet arbre sont les terres dites franches, assez profondes, à sous-sol perméable; les terrains calcaires, sans excès, lui sont propices.

Quant à l'exposition, elle est presque indifférente pour la plus grande partie de la France. Dans le midi, on doit éviter de placer le poirier en plein sud; les expositions de l'est et du sud-est y sont préférables pour les arbres en espalier, celle du nord pour les arbres en plein vent.

Modes de culture. — On cultive le poirier en plein vent, en espalier et en contre-espalier.

En plein vent, l'arbre est conduit sur basse tige ou sur haute tige. La basse tige est réservée au jardin fruitier proprement dit. Les arbres sur haute tige sont plantés soit dans les vergers, soit en bordure des champs.

Dans tous les cas, les engrais qui conviennent le mieux sont les composts et les terreaux, les chiffons de laine, les phosphates, mélangés à la terre qui entoure les racines. On doit éviter d'employer les fumiers chauds qui provoquent le développement du bois, au détriment de la production fruitière.

Méthodes de multiplication. — On reproduit le poirier par semis ou par greffe.

Le semis sert quand on cherche à obtenir des variétés nouvelles et pour produire des sujets propres à recevoir la greffe. Pour procéder au semis, on stratifie les pépins à l'automne dans du sable humide, et on les sème en rayons à la fin de l'hiver en les recouvrant de 2 centimètres de terre; à l'automne suivant on

repique le jeune plant en pépinière, après avoir rabattu la tige.
Au bout de deux ans de pépinière, le plant est généralement
bon à greffer. On peut se contenter de semer du marc de poiré,
c'est-à-dire le résidu de la fabrication du poiré.

Dans la multiplication par greffe, on emploie comme sujet le
poirier franc et le cognassier (voy. 8ᵉ leçon), très rarement l'aubépine. La greffe se fait sur franc en pied, c'est-à-dire presque
au niveau du sol, ou en tête, c'est-à-dire de 1ᵐ,50 à 2 mètres;
ce dernier procédé ne s'applique que lorsque la tige est droite
et bien formée. La greffe sur cognassier se fait généralement en
pied. La greffe sur aubépine n'est adoptée que pour les plantations en sols arides où le poirier et le cognassier ne pourraient
réussir. — Le poirier se prête à presque toutes les sortes de
greffes; mais la greffe en écusson à œil dormant et la greffe en
fente (voy. 11ᵉ leçon) sont presque exclusivement adoptées, la
première de préférence à la seconde.

Taille. — Pour le poirier comme pour tous les arbres fruitiers, on distingue deux sortes de taille, celle qui a pour objet
de former la charpente de l'arbre, et celle qui se rapporte à la
production fruitière.

En ce qui concerne la taille à bois pour la charpente, il n'y a
pas de détail spécial à ajouter à ceux qui ont été donnés relativement aux espèces précédemment décrites. Mais il
n'en est pas de même pour la taille à fruits.

Fig. 14. —
Bouton à
fleurs.

Pour comprendre les principes sur lesquels elle
repose, nous emprunterons à M. Jules Courtois quelques détails nécessaires sur la fructification naturelle
du poirier. Soit un bouton à fleurs (fig. 14) formant
en hiver l'extrémité d'un axe; ce bouton s'épanouit
en même temps que son axe grossit et que se développent les deux bourgeons à bois qui étaient à sa base.
Au deuxième hiver, l'axe B (fig. 15) se termine par la cicatrice des
pédoncules des fruits 1, et il porte deux rameaux 2 et 3, dont
le supérieur est plus vigoureux que l'inférieur; ces rameaux ne
portent que des bourgeons à bois. Au troisième hiver, l'axe B
(fig. 16) a encore grossi, les rameaux 2 et 3 se sont accrus et
ils se terminent par des boutons; il y aura donc production
fruitière en même temps qu'apparition de deux nouveaux ra-

meaux. Au quatrième hiver, l'axe B (fig. 17) portera deux axes
secondaires B' portant des cicatrices de fructification 1' et des
rameaux non fructifères 2' et 3'. La fructification est donc bisannuelle. C'est par suite de ce fait que, sur les arbres abandonnés à eux-mêmes, il y a une production abondante de fruits
tous les deux ans, avec une production faible dans les années
intermédiaires; cette fructification secondaire est due à des
désordres qui se produisent
inévitablement dans l'évolution régulière qu'on vient
de décrire.

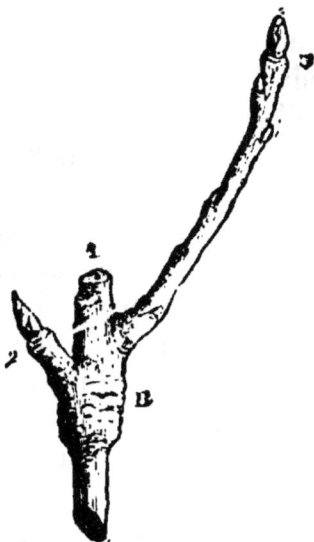

Fig. 15. — Rameaux et bourgeons au deuxième hiver.

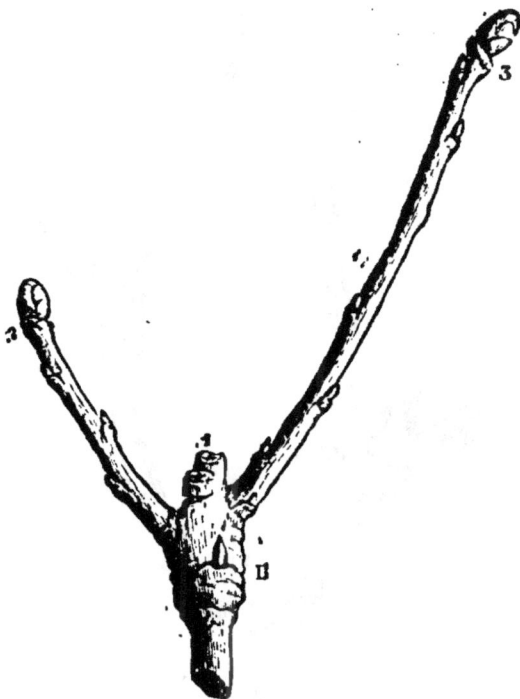

Fig. 16. — Rameaux et bourgeons au
troisième hiver.

Le but de la taille est de rompre cette alternance et d'assurer une fructification annuelle régulière. Ordinairement l'axe B
(fig. 15) présente à sa base un certain nombre de rides transversales, qui sont les cicatrices des feuilles qui l'ont nourri dans
les années précédentes; aux aisselles de ces feuilles se sont formés d'autres boutons, d'abord imperceptibles, qui peuvent se
développer si l'on y fait affluer la sève, en rognant les bourgeons
à bois 1 et 2. L'axe devient ainsi une *bourse* sur laquelle se dé-

veloppent des lambourdes ou branches à fruits, qui se chargent
de boutons sur toute leur longueur.

La taille du poirier porte à la fois sur les rameaux à bois et
sur les rameaux à fruits. Les rameaux à bois, généralement placés
à l'extrémité des branches, sont coupés à la moitié ou au tiers
de leur longueur, pour provoquer l'évolution des boutons inférieurs. Les dards non cou-
ronnés, c'est-à-dire non
terminés par un bouton,
sont rabattus au-dessus des
yeux de leur base. Quant
aux bourses, on ne les supprime que lorsque leur
production s'arrête ou lorsqu'elles sont trop nom-
breuses sur une branche et
qu'elles tendent à l'épuiser.

Chaque année, on sup-
prime les gourmands,
quand on n'a pas pris le
soin d'en arrêter le développement en rognant, pendant l'été, les pousses qui
accusent une vigueur exa-
gérée.

Formes. — Les poiriers
à haute tige, dans les vergers, prennent la forme
naturelle de l'arbre. Dans
les jardins fruitiers, on
soumet ces arbres à des

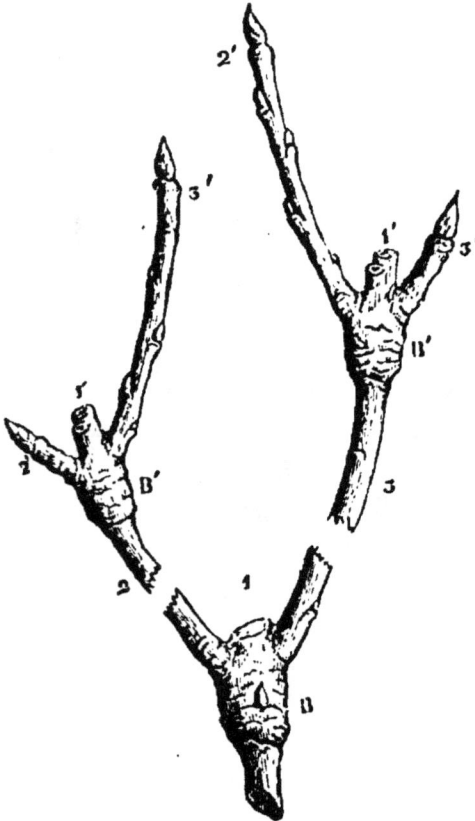

Fig. 17. — Rameaux et bourgeons
au quatrième hiver.

formes sur basse tige, en plein air et en espalier ou en contre-
espalier.

Les principales formes de plein air sont la pyramide et le vase
ou gobelet; les formes d'espalier les plus communes sont la palmette, le candélabre, l'éventail et le cordon.

La *pyramide* (fig. 18) est constituée par une tige principale,
garnie sur toute sa longueur de branches de longueur décrois-

sante, de manière à former un cône. Pour l'obtenir, on rabat un jeune arbre greffé en pied, en le coupant à 40 ou 50 centimètres du sol, afin de provoquer le développement de trois ou quatre bourgeons, dont les uns formeront les premières branches latérales, tandis que le bourgeon supérieur continuera la tige. L'année suivante, on taille ce prolongement de la même manière, en veillant à ce que les bourgeons latéraux alternent autant que possible avec les branches précédentes. — On continue chaque année, jusqu'à ce que l'arbre ait atteint la hauteur voulue. En même temps, on taille les branches latérales, tant pour en régler la longueur que pour provoquer la production fruitière. — A la pyramide, se rattachent la *colonne* et le *fuseau*, formes dans lesquelles les branches latérales sont maintenues très courtes.

Le *vase* se constitue primitivement comme la pyramide, avec cette différence qu'on supprime la tige centrale, et que l'on dirige verticalement les branches latérales, au nombre de trois ou quatre; on les fait bifurquer en en relevant l'extrémité (fig. 19). Sur ces branches, se développent les rameaux à fruits. Si l'on fait courber les branches en dehors à leur partie supérieure, on obtient le *gobelet* (fig. 20). Quelquefois, on conduit les vases ou les gobelets à haute tige, mais la basse tige est plus commune et toujours plus régulière.

Fig. 18. — Pyramide.

La *palmette* (fig. 21) est formée par une tige verticale sur laquelle on obtient, autant que s'y prête la disposition alterne des bourgeons, des branches presque opposées qui sont dirigées à droite et à gauche, à égale distance les unes des autres, pour former, comme on dit vulgairement, des étages superposés. On

Fig. 19. — Vase à branches droites.   Fig. 20. — Gobelet.

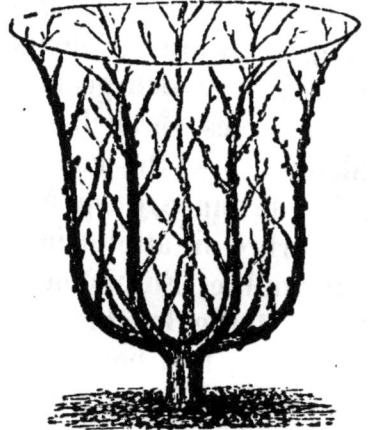

forme la palmette en rabattant le jeune arbre sur trois bour-

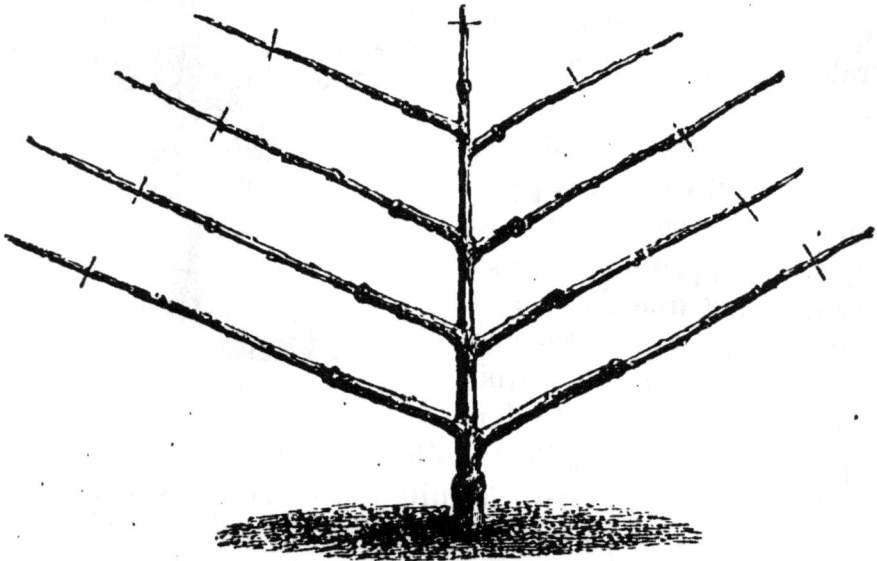

Fig. — 21. — Palmette à branches obliques.

geons, dont les deux inférieurs constituent les deux premières branches, tandis que le supérieur donne naissance au rameau

qui prolongera verticalement la tige ; l'année suivante, on coupe
la branche qui en provient sur trois bourgeons, pour former
deux nouvelles branches charpentières, et ainsi de suite. On
forme ainsi chaque année un étage de la palmette, qui est
complète lorsqu'elle couvre le mur. On palisse les palmettes
en espalier ou en contre-espalier. On distingue les palmettes
horizontales, dans lesquelles les branches charpentières for-

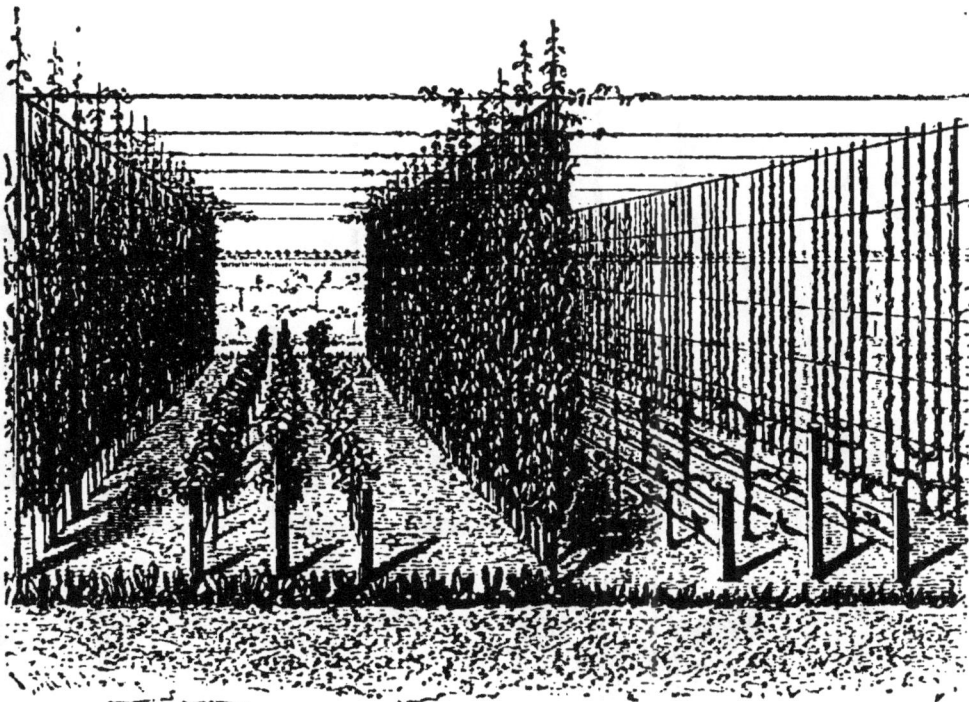

Fig. 22. — Palmettes à branches verticales.

ment un angle droit avec la tige ; les palmettes *obliques* (fig. 21),
dans lesquelles les branches, toujours simples et parallèles entre
elles, forment avec la tige un angle qui varie de 35 à 50 degrés ;
les palmettes *verticales* (fig. 22), dans lesquelles on redresse
les extrémités des branches charpentières, pour qu'elles se
prolongent verticalement ; cette dernière disposition est spéciale
pour les murs et les contre-espaliers élevés. — La palmette est
généralement simple, mais elle peut être double ; dans ce cas,
on fait bifurquer la tige en deux branches principales qu'on

dirige verticalement, et c'est sur ces deux branches que se développent à droite et à gauche les branches charpentières.

La palmette verticale est quelquefois désignée sous le nom de *candélabre*; mais on doit réserver ce nom à une forme spéciale qui en diffère. Dans le candélabre (fig. 25), on rabat en A la tige de l'arbre au-dessus de deux bourgeons presque op-

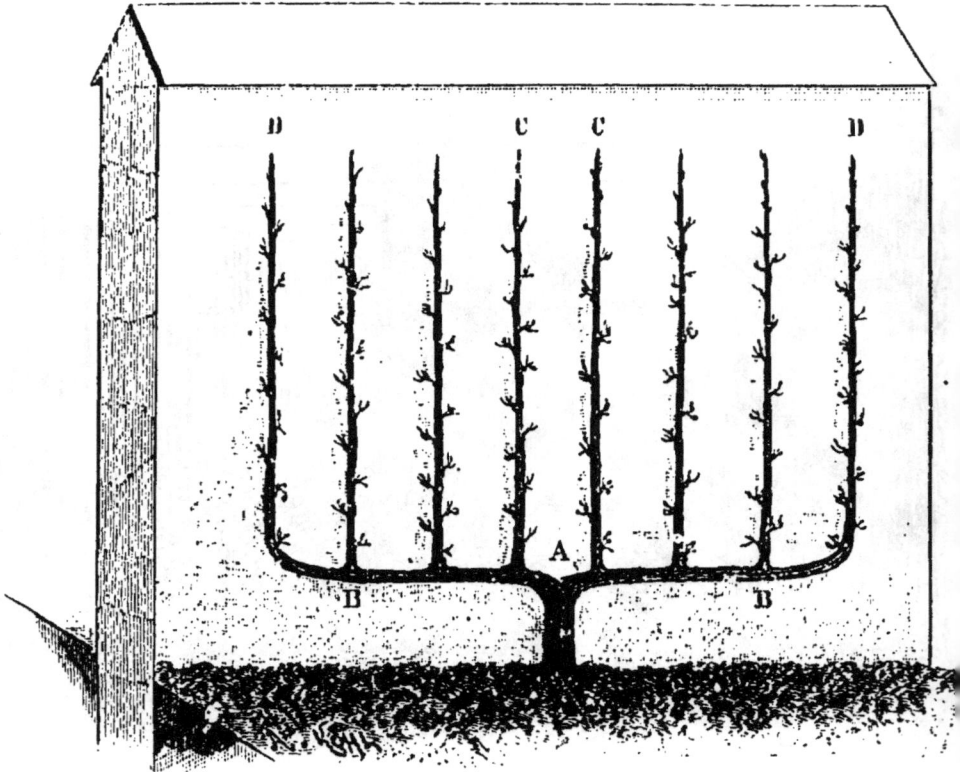

Fig. 25. — Candélabre.

posés, et on obtient deux branches B que l'on dirige horizontalement; à la taille de la deuxième année, on provoque sur chaque branche le développement d'un rameau vertical C, destiné à former une branche charpentière. L'année suivante, on forme sur chaque branche horizontale une autre branche verticale, et ainsi de suite, jusqu'à ce qu'on ait atteint la limite de la largeur que l'arbre doit prendre; les branches verticales sont écartées de 55 centimètres environ. C'est sur ces branches que se développent les productions fruitières. Les branches les plus jeunes D souffrent quelquefois de l'excès de vigueur que peuvent prendre les premières, et il est assez difficile de maintenir un équilibre complet entre toutes les parties de l'arbre. C'est pourquoi on recommande quelquefois de commencer la formation de la charpente par les branches extrêmes.

Pour la forme en *éventail*, on rabat la tige et on provoque à 30 ou 40 centimètres au-dessus du sol, le départ de trois ou quatre branches charpentières, qu'on palisse sur le mur, et qu'on fait bifurquer ensuite de manière à couvrir toute la surface du mur, les branches inférieures étant seulement un peu obliques. Cette forme se rapproche beaucoup de l'éventail à branches obliques du pêcher (fig. 12 de la 5ᵉ leçon, page 56).

Le *cordon* (fig. 24) est la forme la plus simple; elle consiste en une tige palissée contre le mur, laquelle ne porte que des coursonnes (rameaux fruitiers). Si la tige est dressée verticalement, on obtient le cordon vertical; si elle est oblique, c'est le cordon oblique; si elle est dirigée horizontalement, c'est le cordon horizontal; mais ces deux dernières formes sont plus communes pour le pommier que pour le poirier. Le cordon se forme rapidement, et il permet de rapprocher les arbres à quelques décimètres les uns des autres; mais cette forme réduit beaucoup la longévité de l'arbre.

Fig. 24. — Cordon.

Soins de culture. — Les soins à donner aux plantations de poiriers consistent surtout en labours et en binages pour maintenir la propreté du sol, en fumures pour assurer la vigueur de l'arbre, comme il a été dit plus haut.

La taille d'hiver se pratique pendant le repos de la sève. On peut la diviser en deux opérations : tailler les branches à bois au commencement de l'hiver, et les branches à fruits à la fin de cette saison.

Pendant la végétation, les soins ont pour objet de régulariser les pousses et d'obtenir de belles poires.

La taille en vert ou pincement consiste à rogner les jeunes rameaux au-dessus de la troisième ou de la quatrième feuille bien développée ; c'est surtout sur les rameaux destinés à porter des fruits que cette opération est importante, mais on doit la pratiquer avec prudence et discernement, afin de ne pas altérer la marche de la sève. Sur les rameaux de charpente, on procède à la même opération ; dans certains cas, il est préférable d'enlever les feuilles en en rognant le pétiole. On recommande aussi l'ébourgeonnement, c'est-à-dire la suppression des rameaux feuillus superflus, ainsi que l'incision longitudinale dont le but est de fortifier une branche faible en donnant un coup de couteau en long pour trancher l'écorce sur la face exposée au soleil. Toutes ces opérations exigent de l'expérience et une habitude acquise pour apprécier ce qui est utile ou dangereux pour chaque arbre.

Afin d'obtenir de belles poires, on a recours à plusieurs opérations assez simples. Sur les branches faibles ou quand un arbre chétif paraît trop chargé, on supprime une partie des boutons. Si l'on craint la coulure des fleurs, on peut supprimer avec l'ongle quelques fleurs, dans la partie centrale du bouquet. Si un grand nombre de fruits se sont développés sur la même branche, on enlève ceux qui sont petits ou irréguliers ; toutefois, il ne faut pas exagérer ce retranchement, car il arrive presque toujours qu'un certain nombre de fruits noués tombent, pendant l'été, à différents états de grosseur. Enfin, quelques semaines avant la récolte, il convient d'effeuiller autour des fruits, en évitant de les exposer brusquement à l'action du soleil.

A la fin des journées chaudes, des arrosages, sous forme de bassinages, sur les feuilles et sur les fruits, donnent presque toujours d'excellents résultats.

Récolte des poires. — Les fruits mûrissent d'autant plus rapidement que les rameaux qui les portent sont aoûtés, c'est-à-dire sont lignifiés. La meilleure indication est donnée par l'arbre lui-même : lorsque quelques fruits sains, non attaqués par les vers, se détachent naturellement et tombent, il est temps d'en cueillir la plus grande partie. Les fruits dont le pédoncule ne se sépare pas facilement de la branche, sont insuffisamment mûrs; on les laisse sur l'arbre pendant quelques jours de plus, suivant que la saison est plus ou moins sèche ou humide, et que l'arbre est à une exposition plus ou moins abritée.

Les règles générales à suivre varient suivant l'époque de maturité des fruits.

Pour les poires d'été, il convient de les entre-cueillir, suivant l'expression des arboriculteurs, c'est-à-dire de les cueillir avant leur complète maturité, qui s'achève rapidement d'ailleurs après la cueillette.

Les poires d'automne sont cueillies au fur et à mesure de leur maturité; chaque fois qu'on en enlève, on effeuille les branches qui en portent encore quelques-unes.

Quant aux poires d'hiver, on les laisse sur l'arbre aussi long-temps que possible; on ne les cueille que lors des premières gelées blanches, car le froid en entraînerait la décomposition. Après les avoir cueillies, on les porte dans le fruitier où elles achèvent de mûrir (voy. la 8ᵉ leçon, page 95).

La cueillette des fruits s'opère généralement à la main. On doit les manier avec précaution, et se garder d'en endommager l'épiderme. Pour la cueillette sur les arbres un peu élevés, on a imaginé des cueille-fruits de systèmes variés, avec lesquels on enlève les poires sans qu'elles subissent de chocs ni de se-cousses.

Poiré. — Le poiré est une boisson obtenue en pressant des poires broyées préalablement, et en faisant fermenter le jus. Certaines variétés de poires sont spécialement propres à la fabrication du poiré. On les cultive dans des vergers, le plus souvent à haute tige, sans donner de forme spéciale aux arbres.

Maladies et parasites. — Le poirier est sujet à trois maladies particulières : la jaunisse, la brûlure et le chancre.

La *jaunisse* ou *chlorose* se manifeste par une coloration jaune plus ou moins intense que prennent les feuilles et les jeunes rameaux. Cette altération, assez fréquente, est due soit à l'action des larves du hanneton qui rongent les racines, soit à un état maladif des racines provoqué par la nature du sol dans lequel l'arbre est planté. La destruction des vers blancs, et

l'amélioration du sol sont les remèdes indiqués. Ce dernier peut
parfois être la cause de dépenses considérables. On a donc
essayé l'emploi d'agents propres à combattre la maladie directement; on a obtenu, dans beaucoup de circonstances, de bons
résultats en arrosant le pied des arbres et en bassinant les
feuilles avec de l'eau dans laquelle on a fait dissoudre de 1 et
demi à 2 grammes de sulfate de fer par litre.

La *brûlure* est une dessiccation du sommet des rameaux de
l'année. C'est généralement vers le mois de juin qu'apparaît
cette altération qu'il ne faut pas confondre avec les effets
des dernières gelées. Elle paraît devoir être attribuée à la
mauvaise nature du sol, qu'il convient alors de défoncer et
d'amender.

Le *chancre* est constitué par une déchirure de l'écorce, suivie
de la formation d'un gonflement spongieux et pulvérulent, de
couleur brune; la plaie attaque bientôt le bois et se développe
en long et en large, de telle sorte que la partie de la branche
placée au delà de la plaie dépérit ou au moins s'affaiblit
considérablement. Les contusions, la grêle déterminent souvent
des chancres. La maladie paraît d'ailleurs due à une cause qui
exercerait son influence sur toutes les parties de l'arbre; on a
vu souvent un greffon pris sur un arbre chancreux produire un
arbre plus ou moins atteint de chancres. On attribue généralement cette maladie à un embarras dans la circulation de la
sève; on doit donc éviter les causes susceptibles de provoquer cet embarras, notamment la taille courte des arbres très
vigoureux. On recommande d'enlever à la serpette toute l'écorce
atteinte et le bois malade, et de recouvrir de mastic à greffer;
la plaie se cicatrise en donnant naissance à un bourrelet.

Parmi les parasites végétaux du poirier, outre les mousses et
les lichens dont on se débarrasse assez facilement, il faut citer
un petit champignon, l'*Æcidium cancellatum*, dont le développement détermine sur les feuilles des taches de rouille, souvent
assez nombreuses pour entraver la végétation. On combat ce
champignon par le soufrage des feuilles dès qu'on aperçoit les
premières traces de taches.

Les animaux qui attaquent le poirier, sont nombreux. Les
rats, les mulots, les souris en recherchent les fruits; on leur

fait la chasse par les procédés ordinaires. Parmi les insectes nuisibles, les principaux sont les suivants : *coléoptères*, larve du hanneton, rhynchite, anthonome du poirier; *orthoptères*, forficules ou perce-oreille : *hémiptères*, tingis ou tigre du poirier, kermès du poirier; *hyménoptères*, fourmis, plusieurs espèces de tenthrède; *diptères*, cécidomyie noire du poirier et sciare du poirier; *lépidoptères*, bombyx livrée, bombyx chrysorrhée, bombyx cul-doré, bombyx disparate, noctuelle, pyrale des pommes et des poires, teigne hémérobe. C'est par la chasse directe des larves, des chenilles ou des insectes parfaits qu'on peut diminuer les dégâts de toutes ces espèces. Les bassinages des feuilles avec une décoction de jus de tabac, les lavages des rameaux avec du savon noir, le râclage des écorces avec une brosse dure, la destruction des boutons piqués par les insectes, celle des poires véreuses, le bon entretien des treillages et des murs, voilà autant de procédés qui s'imposent, suivant les circonstances, à l'attention de l'arboriculteur.

8ᵉ LEÇON

POMMIER ET COGNASSIER

Sommaire. — Caractères et variétés. — Sol, exposition et climats propices. — Usages de ces arbres. — Méthodes de multiplication. — Formes. — Taille. — Soins de culture. — Récolte des fruits. — Conservation dans le fruitier. — Maladies et parasites.

POMMIER. — Le pommier (*Malus*) est un arbre de moyenne grandeur, à feuilles alternes simples (A, fig. 25), à fleurs blanches ou rosées, disposées en ombelles ou en corymbes, à calice à cinq divisions, à corolle à cinq pétales (B), à fruit arrondi (C et D) creusé de cinq loges revêtues d'un endocarpe cartilagineux, entouré d'un mésocarpe charnu, et renfermant les graines ou pépins (E et F), elliptiques.

On ne connaît qu'une seule espèce de pommier, le pommier commun (*Malus communis*), qui paraît indigène des régions

tempérées de l'hémisphère boréal, et dont la culture remonte
à la plus haute antiquité.

On a obtenu un nombre très considérable de variétés de
pommiers; toutefois, une grande confusion règne dans la synonymie de ces variétés. Il est impossible d'en donner une

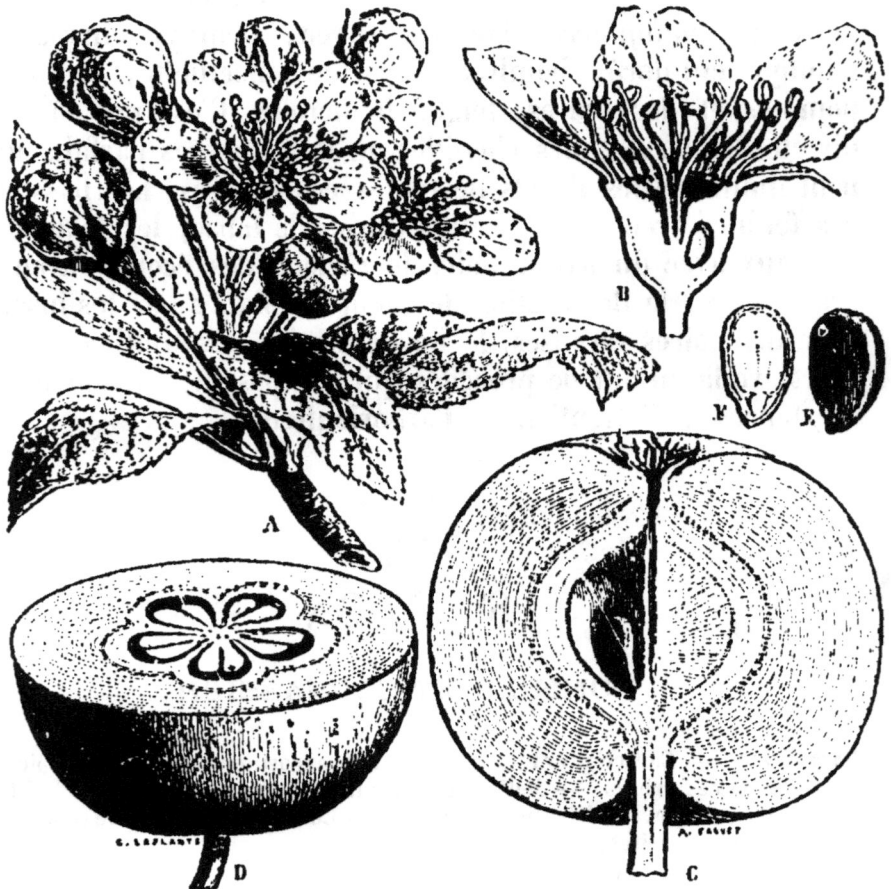

Fig. 25. — Pommier : A, rameau en fleur; B, coupe de la fleur; C et D, coupes
du fruit; E et F, graine et coupe de la graine.

nomenclature complète, il faut se borner à des indications sur
les principales classes.

Il existe deux grandes catégories de pommiers : les variétés à
fruits de table ou *pommes à couteau*, les variétés à fruits utilisés pour la fabrication des cidres, ou *pommes à cidre*. On
est généralement d'accord pour rapporter toutes ces variétés

à deux types principaux : le pommier doucin et le pommier paradis. Le pommier doucin, ou simplement le doucin, est un arbre à rameaux courts et gros, à feuilles larges, arrondies à la base, à fruits déprimés, plus larges que gros, d'un vert assez intense, parsemés de taches bleuâtres, à chair fine et agréable. Le pommier paradis, ou simplement le paradis, se distingue du précédent par ses rameaux grêles et étalés, ses feuilles elliptiques et acuminées, ses fruits plus longs que larges, garnis de côtes, à peau blanche luisante, à chair douce et fade; il fleurit et arrive à maturité avant le doucin. Ces deux types se multiplient par boutures ou marcottes.

Les principales variétés de pommes à couteau sont les suivantes, d'après Decaisne : Pommes d'Api, Baldwin, Belle de Doué, Double-fleur, Calville blanc, Calville d'été, Calville rouge d'automne, Calville rouge d'hiver, Calville de Saint-Sauveur, pomme de châtaignier, Court-pendu, pomme d'Ève, Fenouillet gris, pomme figue, pomme Joséphine, Pigeonnet blanc, Ramebour d'été, Reinettes (de Canada, de Caux, dorée, franche de Hollande, grise), pomme royale d'Angleterre. Ces variétés diffèrent par la saveur, le volume, la couleur des fruits, et par l'époque de la maturité; sous ce dernier rapport, on distingue les pommes d'été, d'automne et d'hiver.

Les variétés de pommes à cidre se divisent en pommes douces, acides et amères; les pommes acides sont exclues de la fabrication du bon cidre. Sous le rapport de la date de la maturité, on distingue les pommes précoces qui mûrissent au commencement de l'automne, les pommes de deuxième saison qui mûrissent en octobre, et les pommes tardives dont la maturité n'arrive qu'en novembre et décembre (voy. 45e leçon du *Cours d'agriculture*).

Sol et climat. — Les sols qui conviennent au poirier sont aussi propices pour le pommier; toutefois ce dernier arbre peut végéter vigoureusement dans des sols humides et compacts où le poirier reste chétif.

Les mêmes analogies se retrouvent en ce qui concerne le climat et l'exposition; mais le pommier s'accommode mieux des climats humides et frais que des climats secs et chauds. C'est la raison pour laquelle la Normandie et la Bretagne sont, en France, les régions où la culture de cet arbre a pris le plus d'importance.

Modes de culture. — On cultive le pommier en vergers et dans les jardins proprement dits. On plante surtout en vergers les variétés à cidre; on en fait aussi des bordures sur les champs. La plantation en bordures est préférable à la plantation en plein champ, d'une part à cause de l'ombre que l'arbre porte sur les plantes basses qui l'entourent, d'autre part à cause de la gêne qui en résulte pour les travaux de culture.

La plantation du pommier doit s'exécuter à l'automne; la reprise est ainsi plus assurée. On doit faire cependant exception pour les terrains très humides, où la plantation automnale peut provoquer la pourriture des racines; dans ces sortes de terrains, il convient de planter à la fin de l'hiver.

Méthodes de multiplication. — On multiplie le pommier par semis ou par greffes. — Le semis a pour objet la recherche de variétés nouvelles ou la production d'arbres francs de pied qui doivent servir de sujets pour la greffe.

La greffe est le mode de multiplication le plus général. On greffe sur pommier franc, sur doucin ou sur paradis : la greffe sur franc sert surtout pour les arbres à haute tige, la greffe sur doucin pour les formes moyennes, et la greffe sur paradis pour les petites formes. La greffe en écusson à œil dormant est celle qui est employée pour greffer en pied, et le plus souvent pour greffer en tête; dans ce dernier cas, on adopte parfois la greffe en fente.

On a conseillé de multiplier le pommier par boutures; cette pratique est jusqu'ici peu répandue, sauf dans quelques régions restreintes. Mais il faut ajouter que le bouturage ne donne pas que des arbres chétifs et malingres, comme on l'affirme quelquefois.

Formes. — Le pommier est conduit à haute tige dans les vergers, sur moyenne tige et sur basse tige dans les jardins.

Pour former les arbres à haute tige, on greffe généralement en pied sur franc dans la pépinière, et on plante à demeure les arbres greffés depuis trois ou quatre ans. Pour obtenir un développement plus rapide de l'arbre, M. Rivière a conseillé de greffer en pied, sur le plant âgé d'un ou de deux ans, une variété à croissance rapide, sur laquelle on greffe, au bout de trois ans,

la variété dont on veut propager les fruits; c'est le système de
la double greffe ou de la greffe intermédiaire. La forme en vase
est la meilleure pour obtenir une abondante production fruitière
sur les arbres à haute tige. Pendant les premières années, on
taille les jeunes pousses pour former la tête; plus tard, on se
borne à enlever les branches mortes ou malades; si ces branches
ont une certaine grosseur, il faut recouvrir les plaies avec du
mastic à greffer.

Dans les jardins, le pommier se prête aux mêmes formes que
le poirier, soit en plein vent, soit en espalier ou en contre-espalier. Mais il est une forme qui convient spécialement à cet
arbre : c'est le cordon.

On sait que, dans le cordon, l'arbre ne comporte qu'une ou

Fig. 26. — Cordon horizontal simple.

deux branches charpentières : dans le premier cas, c'est le cordon simple; dans le deuxième cas, c'est le cordon double. Le
cordon est vertical, oblique ou parallèle au sol; cette dernière
forme est appelée cordon horizontal. C'est surtout suivant ces
deux dernières formes qu'on conduit le pommier; elles sont
établies d'après les mêmes règles.

Pour former un cordon horizontal simple (fig. 26), on rabat la
tige à une hauteur de 40 centimètres environ, au-dessus d'un
bourgeon vigoureux; on palisse la branche qui en sort. La taille
des années suivantes consiste à la rogner plus ou moins suivant
la vigueur de l'arbre pour provoquer sur toute sa longueur la
formation de branches fruitières. — Dans le cordon oblique, on
palisse l'arbre en donnant au prolongement de la tige une incli-

naison de 45 degrés environ, dans la plupart des cas, mais qui
est moindre lorsqu'il s'agit de murs élevés. Les cordons obliques
sont toujours simples.

Le cordon double (fig. 27) est formé en couchant la branche
qui prolonge la tige, en un point tel qu'il se trouve un bourgeon
sur le côté extérieur de la courbure; on taille le rameau qui en
sort au-dessus d'un bourgeon. En palissant les deux branches
dans des directions opposées, on obtient le cordon double. Une
autre méthode consiste à rabattre la tige au-dessus de deux
bourgeons à peu près opposés, et à palisser ensuite les deux
branches dans des directions divergentes.

C'est le plus souvent sur fil de fer qu'on conduit les cordons.
Ce fil de fer est soutenu, de distance en distance, par des piquets.

Fig. 27. — Cordon horizontal double.

Pour qu'il reste rigide, on se sert de raidisseurs dont il existe
un grand nombre de modèles.

Les règles à suivre pour la taille du pommier sont les mêmes
que pour la taille du poirier. Il en est ainsi pour les soins de
culture.

Récolte et conservation des pommes. — La récolte des pommes se pratique comme celle des poires.

Les poires et les pommes d'automne et d'hiver achèvent de
mûrir et sont conservées pendant plusieurs mois dans le *fruitier.*

Pour servir de fruitier, une salle doit être saine, à l'abri des
excès de chaleur et de froid, et surtout des variations de température, lesquelles provoquent rapidement la décomposition des
fruits. Une température constante de 5 à 6 degrés au-dessus de
zéro est celle à rechercher. Des murs épais, des boiseries contre
ces murs, si c'est nécessaire, des volets et des abris aux fenêtres,

des paillassons et des couvertures devant les portes, permettent d'atteindre ce résultat. Il faut éviter d'allumer du feu dans un fruitier, à moins qu'on ne veuille avancer la maturité de certains

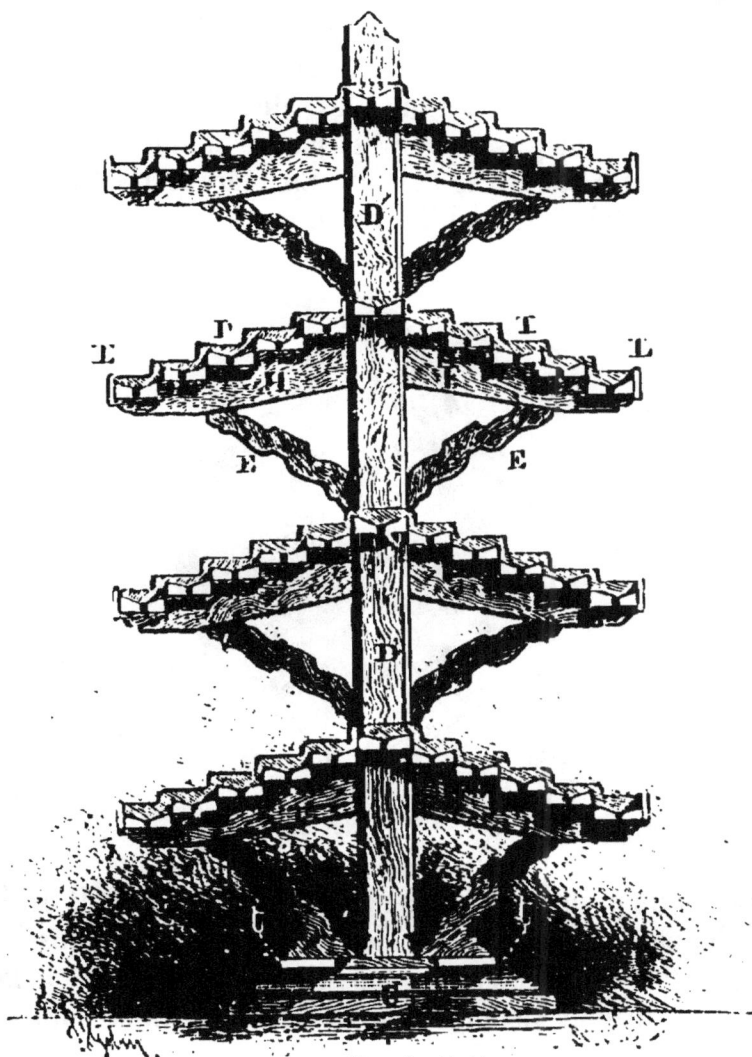

Fig. 28. — Modèle d'étagère de fruitier.

fruits; il est même préférable de porter ces fruits dans une pièce plus chaude. La meilleure exposition est celle du nord. On ne renouvelle l'air du fruitier que par un temps sec et doux. La lumière doit être faible; trop vive, elle serait nuisible aux fruits.

On place les fruits sur des tablettes formant étagère. Les
meilleurs bois pour ces tablettes sont les bois secs et durs :
chêne, acacia, et à leur défaut, sapin blanc. On les espace de
50 centimètres au plus, en les inclinant légèrement vers le bord
extérieur, de manière à laisser voir tous les fruits d'un seul coup
d'œil. La largeur des tablettes est de 50 à 60 centimètres, pour
permettre d'atteindre les rangs les plus éloignés, sans toucher
aux premiers. Chaque rangée est garnie d'une tringle de bois,
pour maintenir les fruits debout. En plaçant les fruits sur les
tablettes, on doit éviter qu'ils ne se touchent, car un fruit gâté

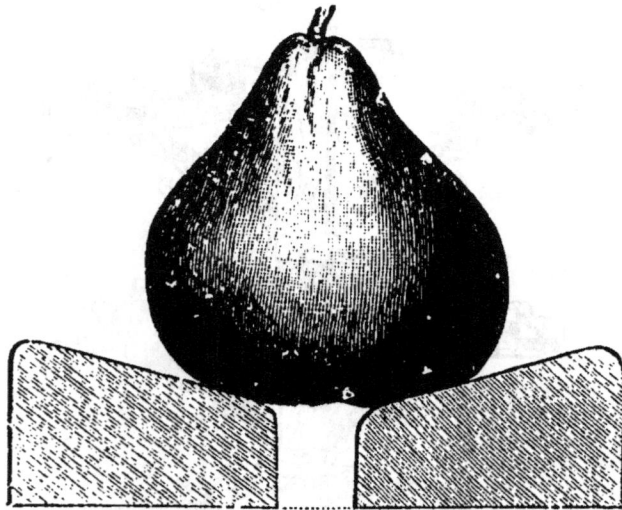

Fig. 29. — Tablettes du fruitier.

communique promptement sa maladie à ses voisins. Il est inutile
d'envelopper les fruits, aussi bien que d'enlever la poussière qui
tombe à leur surface; cette poussière ne peut nuire à la conservation. On doit visiter fréquemment le fruitier pour enlever
les fruits qui s'altèrent.

Généralement, on ne place les fruits dans le fruitier que
quatre ou cinq jours après la cueillette; ils s'assèchent pendant
ce temps, mais on doit ne les toucher qu'avec soin, afin de leur
laisser leur fleur.

Une disposition commode de fruitier est montrée par les
figures 28 et 29. Des poteaux D, portés par des patins C, sup-

portent des consoles EF, sur lesquelles des lames ou tringles
1 de 5 centimètres de largeur, coupées en biais et distantes environ de 1 centimètre, présentent un creux dans lequel le fruit
est maintenu et suffisamment isolé.

A ces dispositions on peut substituer l'emploi de caisses en
bois de dimensions égales, dans lesquelles on range les fruits et
qu'on superpose pour qu'elles occupent moins de place dans la
salle qui les renferme.

Maladies et parasites. — Le pommier peut être atteint par les
mêmes maladies que le poirier ; les moyens de combattre ces
maladies sont analogues pour les deux arbres. Le *chancre* est
l'altération la plus fréquente chez le pommier ; il importe donc
de surveiller attentivement les arbres, et de combattre le mal
dès ses débuts.

De toutes les plantes parasites, le gui est celle qui s'attaque de
préférence au pommier. Il est fréquent de voir, dans les vergers,
des touffes de gui, dont les graines sont le plus souvent apportées
par les oiseaux, se développer sur une ou plusieurs branches.
Il n'y a pas d'autre moyen de le faire disparaître que d'extirper
le gui, en incisant et en enlevant toutes les parties des branches
dans lesquelles les racines de la plante parasite ont pénétré.

Les *tavelures* des poires et des pommes sont des crevasses
dont est sillonné l'épiderme des fruits. Elles sont dues à un
champignon parasite, le *Fusisporium pyrinum*, qui forme
d'abord de petites taches noirâtres sur les fruits, puis pénètre
dans les couches superficielles, sans arrêter la vitalité des
parties profondes, lesquelles, en grossissant, provoquent l'éclate-
ment de l'épiderme dont le développement a été arrêté par le
parasite. On a employé avec avantage contre les tavelures un
mélange de solution de sulfate de cuivre (1 kilog. pour 12 litres
d'eau) et de lait de chaux (2 kilog. de chaux pour 4 litres d'eau),
répandu en bassinages sur les jeunes fruits dès le mois de mai

Les parasites animaux du pommier sont nombreux, surtout
parmi les insectes.

La plupart des insectes signalés à l'occasion du poirier,
attaquent aussi le pommier, mais un certain nombre sont spéciaux à ce dernier arbre. Tels sont l'*anthonome du pommier*,
dont les larves dévorent les fleurs de l'arbre ; l'*yponomeute du*

pommier, dont les chenilles dévorent les feuilles sur lesquelles elles vivent en société; et enfin le *puceron lanigère,* qui s'attache sur les jeunes écorces et y produit, par sa piqûre, des exostoses entraînant, par le dessèchement des branches, la décrépitude de l'arbre; des colonies d'insectes vivent dans ces exostoses ou galles pendant plusieurs années.

Le puceron lanigère, dont l'origine est assez incertaine, a été introduit, dit-on, d'Amérique en Europe vers la fin du dix-huitième siècle par l'importation de pommiers du Canada. On a essayé un très grand nombre de procédés pour détruire cet insecte, qui cause quelquefois des ravages énormes dans les vergers. Le procédé le plus efficace a été indiqué par M. Vial, chef des cultures au Muséum d'histoire naturelle de Paris; il consiste à étendre un corps gras liquide quelconque, huile, glycérine, etc., sur toutes les parties de l'arbre, sans en omettre aucune; on pratique ce graissage une première fois en octobre ou novembre, lorsqu'il n'y a plus de feuilles, et une seconde fois au début de la végétation, dès que les boutons commencent à grossir. Le succès paraît certain, sans qu'aucun trouble soit apporté à la végétation du pommier.

Cognassier. — Le cognassier (*Cydonia vulgaris*) appartient, comme le poirier et le pommier, à la tribu des Pomacées, dans la famille des Rosacées. C'est un arbre de faible taille, qui dépasse rarement 3 à 4 mètres, à feuilles ovales, un peu sinueuses, à fleurs grandes, de couleur blanche ou rosée, à fruit de forme analogue à celle des poires ou des pommes, odorant, à chair ferme et charnue, revêtue d'un épiderme recouvert avant maturité par un duvet blanc plus ou moins épais.

Cet arbre, qui paraît originaire d'Orient, vient bien sous les climats tempérés de l'Europe, où le cognassier commun est en quelque sorte naturalisé. On le cultive soit pour ses fruits, soit pour servir comme porte-greffe à d'autres arbres fruitiers. Sa culture était pratiquée par les anciens Romains.

On connaît plusieurs variétés du cognassier commun. Les principales sont, d'après M. Hardy : le *cognassier mâle* ou maliforme, dont le fruit est presque rond comme une pomme; le *cognassier femelle* ou pyriforme, dont le fruit plus gros, renflé et allongé, a la forme de certaines poires; le *cognassier de Portugal*, remarquable par sa vigueur et par ses fruits charnus, de meilleure qualité que ceux des espèces précédentes; le *cognassier d'Angers*, variété très vigoureuse, dont la multiplication est facile. Il faut encore ajouter le cognassier de Chine et le cognassier du Japon, que l'on cultive surtout comme arbustes d'ornement. Le cognassier de Portugal est la meilleure variété pour la production des fruits.

Sol et climat. — Le cognassier vient bien dans la plupart des sols, même dans les terres arides et pierreuses. Toutefois, dans ces sortes de terrains, il reste buissonneux et de petite taille. Il mûrit son fruit dans presque toutes les parties de la France, mais avec peine dans la région septentrionale, lorsque les étés sont humides.

Modes de culture et de multiplication. — Le cognassier est cultivé, avons-nous dit, pour servir de porte-greffes ou pour son fruit.

Lorsque l'on cultive le cognassier pour obtenir des sujets à greffer, on le conduit généralement en cépée. C'est dans les pépinières qu'on lui donne cette forme; on rabat l'arbre un peu au-dessus du collet, pour provoquer le développement de bourgeons nombreux. On butte autour des jeunes branches qui en sortent, lorsqu'elles ont une certaine longueur, afin qu'elles s'enracinent. A l'automne, les racines étant formées, on déchausse le pied central, et on enlève les tiges enracinées qui forment autant de pieds séparés, qu'on replante en pépinière. On répète la même opération tous les deux ans, pour laisser à la cépée le temps de pousser de nouveaux bourgeons.

Le cognassier cultivé pour son fruit est conduit sur haute tige ou en buisson; dans ce cas, la multiplication se fait le plus souvent, pour les bonnes variétés, par la greffe sur pied franc du cognassier commun. On peut aussi employer le bouturage ou les drageons développés au bas de la tige. Dans quelques parties de la région méridionale, on se sert du cognassier pour former des haies.

, Rarement, on soumet le cognassier à une taille régulière. Le plus souvent, on se borne à maintenir la régularité de l'arbre en enlevant les branches malades ou celles qui font confusion. On rogne les branches qui accusent une trop grande vigueur, et on supprime les rejetons qui partent du pied. Une bonne méthode consiste à raccourcir de temps en temps les branches destinées à porter du fruit, à la fois pour qu'elles restent maintenues près des branches charpentières, et pour en faire sortir de nouvelles.

Les soins de culture consistent surtout en binages pour maintenir la propreté du sol. Rarement, la fructification du cognassier vient à manquer; on la rend plus abondante en donnant de temps en temps au sol un peu de fumier bien consommé.

Récolte des fruits. — Les fruits du cognassier, appelés *coings*, sont cueillis lorsqu'ils ont atteint toute leur maturité, en septembre ou en octobre. Si la maturité est tardive et si l'on craint les premières gelées, on détache les fruits de l'arbre et on les étend sur de la paille dans un grenier sec, où ils achèvent de mûrir.

On doit utiliser les coings sans retard, car ils pourrissent rapidement. Ces fruits sont rarement consommés à l'état frais, car leur chair est âpre et dure; mais ils sont employés sur une grande échelle pour préparer des confitures, des gelées, des compotes et des sirops, qui sont recherchés partout.

9ᵉ LEÇON

ARBRES FRUITIERS DES RÉGIONS MÉRIDIONALES

Sommaire. — Description du figuier, de l'oranger, du citronnier, du cédratier, du grenadier, du néflier, du pistachier, du jujubier, du caroubier. — Variétés, climat, sol, multiplication et culture, production et usage des fruits.

Résumé.

La région méridionale de la France possède, outre les arbres fruitiers de grande culture, comme l'olivier et l'amandier (voy. le *Cours d'agriculture*, page 175), plusieurs espèces d'arbres qui lui sont spéciales, et dont quelques-unes ont pris une très grande place dans les jardins.

FIGUIER. — Le figuier (*Ficus carica*) est un arbre d'assez grande taille, dont la hauteur peut atteindre de 10 à 12 mètres, qui paraît originaire de l'Asie, et qui a été introduit dans l'Europe méridionale depuis les temps les plus reculés. Il appartient à la famille des Morées. Ses feuilles sont alternes, caduques, coriaces et rudes, à pétiole long et épais, à limbe large, divisé en trois ou en cinq lobes arrondis, d'un vert assez intense à la face supérieure, plus pâle à la face inférieure. Les fruits sont des inflorescences charnues, en forme de poires, pédonculées, ouvertes au sommet, lisses à l'extérieur, d'abord vertes, puis prenant à la maturité des teintes qui diffèrent suivant les variétés ; la chair est succulente et molle, plus ou moins sucrée.

Sous les climats méridionaux, le figuier est assez souvent *bifère*, c'est-à-dire qu'il donne chaque année deux productions de fruits, l'une dite de figues-fleurs au commencement de l'été, l'autre au commencement de l'automne. Sous les climats septentrionaux où cet arbre peut encore fructifier, on n'a qu'une récolte de fruits venus sur le bois de l'année précédente ; les figues poussées sur les branches de l'année ne peuvent généralement pas mûrir.

On connaît des centaines de variétés de figuier : on les répartit généralement en trois sections d'après la couleur des fruits, qui sont blancs, colorés ou noirs.

Les principales variétés de figues blanches sont : Bourjasotte blanche, Verdale, Blanquette, Courcourelle blanche, Doucette, Col des dames, Tiboulenque. Parmi les figues colorées, on signale surtout : Quasse-blanche, Figue-datte, Mahonnaise, Poulette, Franche-paillarde, Bellone. Enfin les principales variétés de figues noires sont les suivantes : Boursajotte noire, Bernisenque, Perruquière, Sultane mouissone.

Sol et climat. — Le figuier est un arbre très robuste ; il devient vigoureux dans la plupart des natures de sols, dans les terrains secs et arides comme dans ceux qui sont argileux et humides. Toutefois, sa production est plus abondante dans les terres profondes et assez riches. Plus on s'élève vers la région septentrionale, et plus la qualité du terrain influe sur la vigueur de l'arbre.

Quoique le figuier soit un arbre des régions méridionales, il

peut prospérer dans le centre et l'ouest de la France sans exiger
des soins particuliers. Mais dans les parties plus septentrionales,
une exposition chaude et un mode spécial de culture sont nécessaires à cet arbre. Dans tous les cas, les expositions de l'est
et du midi sont celles qui lui sont le plus favorables.

Méthodes de multiplication. — Le figuier est multiplié surtout par boutures et par marcottes; rarement on a recours à
la greffe, et plus rarement encore au semis. Pour remplacer
les boutures, on se sert quelquefois des drageons qui poussent
au pied des arbres.

On prépare toujours le sol, avant la plantation, par un défoncement.

La forme donnée aux arbres varie dans les cultures du Midi
et dans les cultures septentrionales. Dans le Midi, le figuier est
généralement conduit sur tige haute de 1^m,50 à 2 mètres. Dans
les cultures septentrionales, on lui donne la forme de cépée,
afin de pouvoir coucher les branches en terre pendant l'hiver;
ce procédé a pour effet de les préserver de l'action des gelées.

Les plantations de figuiers sur tige se font dans les vignes ou
dans les jardins, les arbres restant isolés. Les racines étant très
traçantes, lorsqu'on plante les figuiers en bordure, on les espace
de 7 à 8 mètres, pour que les arbres ne se nuisent pas réciproquement; on peut utiliser l'intervalle qui les sépare par d'autres
cultures. On plante aussi les figuiers dans les cours.

La culture en cépée est assez compliquée; elle est pratiquée
dans les vergers réservés exclusivement au figuier. Ces figueries
ne se rencontrent que dans les régions septentrionales, notamment à Argenteuil, près de Paris. Dans cette localité, on plante
surtout deux variétés : la figue blanche et la figue violette d'Argenteuil, remarquables par leur qualité. C'est sur les coteaux
exposés au midi qu'on plante les figuiers, un peu obliquement
par rapport à la pente du terrain. Après la chute des feuilles, on
dispose les branches en faisceau, et on les couche dans une fosse
creusée au pied de l'arbre, de telle sorte qu'elles soient complètement couvertes de terre; on ajoute un lit de feuilles sèches, et
on butte le pied de l'arbre. Au printemps, on relève les branches,
lorsque l'on n'a plus à redouter les froids. En même temps, on
pince le bourgeon terminal de chaque branche, sans toucher à

la figue naissante qui en est voisine, et on enlève sur les rameaux fructifères la plupart des bourgeons à bois. Les figues-fleurs mûrissent au mois d'août, quelquefois en juillet. Après la récolte, on taille les branches à fruits au-dessous des deux bourgeons inférieurs d'où sortent les branches de remplacement. Les soins de culture consistent en labours et en binages; on creuse des cuvettes au pied des arbres pour y faire affluer les eaux de pluie.

C'est à partir de la troisième année que le figuier commence à fructifier.

Récolte et préparation des fruits. — Les figues mûres se gâtent rapidement. Lorsqu'on veut les expédier à une certaine distance, on doit les récolter avant qu'elles soient parfaitement mûres; mais les fruits qui mûrissent hors de l'arbre sont de qualité inférieure.

Dans les cultures en cépée, on *touche* les figues pour en hâter la maturité. Ce procédé est décrit comme il suit par M. Hardy : « On prend un bout de bois mince ou une plume effilée, que l'on trempe dans de bonne huile d'olive; on en dépose une petite goutte sur l'œil de la figue; c'est ce qu'on appelle toucher ou apprêter. La plume trempée dans l'huile peut toucher quatre ou cinq fruits sans qu'on en prenne de nouvelle. Au bout de huit ou neuf jours, le fruit est mûr. Ce moyen est tellement certain que l'on peut apprêter ainsi à l'avance la quantité de figues que l'on désire; il hâte leur maturité de douze à quinze jours, et les rend plus grosses; toutefois, il leur enlève un peu de leur qualité; celles qui mûrissent naturellement sont meilleures. Cette application de l'huile se fait partiellement, pour n'avoir pas trop de fruits mûrs à la fois; la meilleure heure est le soir. Il est important de bien saisir le moment opportun; touchée trop tôt, la figue ne grossirait plus ou tomberait : la pratique et l'habitude sont les seuls guides à cet égard. »

La maturité des figues se reconnaît à ce que les fruits fléchissent, quand on les presse avec le doigt près de l'œil. On procède à la cueillette, le matin, lorsque la rosée a disparu.

Les figues sont consommées fraîches ou sèches. Dans le midi on fait sécher presque toute la récolte. Les fruits destinés à être séchés sont cueillis à maturité complète, en évitant de les meurtrir et de les froisser. On les dépose sur des claies légères qu'on laisse exposées au soleil pendant le jour, et qu'on abrite sous un hangar pendant la nuit ou lorsque la pluie survient. On retourne les figues sur les claies deux fois par jour, pour que toutes les parties subissent l'action du soleil. La dessiccation est achevée quand on peut aplatir les figues sans qu'elles se fendent. Les fruits séchés au four sont moins bons que ceux qu'on fait sécher naturellement au soleil.

Maladies et parasites. — Le figuier souffre de l'excès de sécheresse et des gelées. Contre la sécheresse, les arrosages constituent le seul moyen à employer. Lorsque l'arbre est atteint par la gelée, on doit le receper et le tailler court pour provoquer la sortie de bourgeons vigoureux.

Le *blanc des racines* (voy. la 5e leçon) se constate quelquefois sur le figuier; on le combat suivant la même méthode que pour le pêcher.

Parmi les animaux parasites, le kermès du figuier est celui qui cause le plus de dommages, en rongeant les feuilles et les fruits. On peut s'en débarrasser soit par l'ébouillantage, soit par le raclage des branches et des rameaux pour faire tomber les insectes.

ORANGER ET ARBRES ANALOGUES. — L'oranger, le citronnier, le mandarinier, le cédratier, appartiennent au genre *Citrus*, de la famille des Hespéridées; ils y constituent autant d'espèces très importantes pour leurs fleurs, leurs fruits, leurs feuilles, et les produits qu'on en retire. Au même genre appartiennent le bigaradier et le bergamotier, espèces moins répandues que les précédentes.

Dans le département des Alpes-Maritimes et une partie du département du Var, l'*oranger* vient en pleine terre, dans la plaine et les vallées, et il peut s'élever à l'altitude de 200 et même de 500 mètres. On en cultive plusieurs variétés, dont les principales sont : l'oranger franc, l'oranger de Nice, l'oranger de Malte, l'oranger à pulpe rouge, etc. L'oranger franc passe pour atteindre une hauteur de 7 à 8 mètres; les autres variétés, propagées par la greffe, atteignent généralement une moindre hauteur. On cultive cet arbre, soit en verger, soit dans les jardins, en plantations d'alignement ou en bordures. En général les arbres sont espacés de 4 à 6 mètres en tous sens, suivant les dimensions qu'ils doivent atteindre. La plantation des jeunes arbres venus en pépinière s'effectue au printemps, en mars ou avril, dans des trous remplis de bonne terre additionnée de terreau ou d'engrais à décomposition rapide. On plante les arbres greffés. Les sujets pour la greffe sont l'oranger franc et le bigaradier : la greffe en écusson à œil dormant est celle qui est le plus souvent pratiquée; elle est faite sur la tige rabattue à une hauteur de 60 à 80 centimètres. Lorsque les premières branches sont développées, on les taille de manière à donner à la tête de l'arbre la forme d'une boule à peu près sphérique, creuse intérieurement, pour que l'air et la lumière y pénètrent sans peine. La taille ultérieure a principalement pour objet de maintenir cette forme, d'enlever les branches malades et de rogner celles dont la végétation paraîtrait trop vigoureuse. Les soins de culture consistent surtout en labours pour maintenir la propreté du sol, et en arrosages pendant l'été, à l'aide de rigoles amenant l'eau au pied des arbres. L'oranger est cultivé pour ses fleurs ou pour ses fruits. Les fleurs servent à la fabrication de l'eau de fleurs d'oranger. Les fruits arrivent à maturité complète vers les mois de février et de mars; on les cueille souvent avant qu'ils soient complètement mûrs. Les écorces des oranges amères (fruits du bigaradier) sont distillées pour servir à la fabrication de diverses liqueurs. C'est vers la vingtième année que l'oranger est en pleine production; un arbre vigoureux peut donner de 600 à 700 oranges.

Le *mandarinier* est de plus petite taille que l'oranger : c'est un arbre à rameaux grêles et espacés, à feuilles longues et très aiguës, à fruits petits, arrondis, déprimés, dont la pulpe est très douce. Les modes de culture et de taille sont les mêmes que pour l'oranger.

Le *citronnier*, dont le véritable nom est *limonier*, est plus délicat que l'oranger; il ne vient bien que sur les points abrités des vents violents et bien exposés au midi. On le multiplie par la greffe, soit sur franc, soit sur bigaradier. Les fruits, qui sont allongés, sont cueillis généralement avant leur complète maturité. La floraison est presque continue; on distingue plusieurs catégories de fruits suivant la saison dans laquelle on les récolte; les *verdami,* ou citrons d'été, sont les plus appréciés. Les modes de culture sont d'ailleurs les mêmes que pour l'oranger. Du jus de citron, on extrait l'acide citrique; un litre de jus fournit de 55 à 60 grammes d'acide citrique cristallisé, qui est employé pour la préparation des limonades et dans la teinture.

Le *cédratier* est un arbre très délicat; il ne vient en pleine terre en France que dans la plaine d'Hyères (Var), mais la Corse en possède de nombreuses plantations. Les alluvions des vallées bien abritées sont les terrains qui lui conviennent le mieux. On le multiplie par les boutures plantées sur place ou en pépinière. Pour obtenir une abondante récolte de fruits, on taille l'arbre sur basse tige, en palissant horizontalement sur des traverses soutenues par des échalas. On compte, dans les plantations en verger, de 400 à 500 arbres par hectare; mais les cultures ont rarement cette étendue. La production des fruits commence dès la troisième année; elle devient normale à la sixième. La récolte peut atteindre 100 kilog. de fruits pour un arbre vigoureux. Les soins d'entretien consistent surtout en binages, arrosages et fumures : dans les exploitations les mieux dirigées, on applique jusqu'à 250 à 300 kilog. de fumier par arbre chaque année. Pendant l'hiver, on abrite les arbres par des paillassons : pendant toute l'année, on maintient des abris permanents en palissades dans la direction des vents dominants. La cueillette des cédrats se pratique d'octobre en novembre, lorsque les fruits sont encore verts, et avant qu'ils aient la belle coloration jaune qui en indique la maturité.

GRENADIER. — Le *grenadier* est un arbre vigoureux, mais d'assez petite taille, qui ne dépasse pas 5 à 4 mètres. On en cultive plusieurs variétés, dérivées du grenadier commun; la plus estimée est celle à fruits doux. Cet arbre vient bien dans la plupart des sols, dans les plaines comme sur les collines; il s'accommode même des sols secs et arides. On le multiplie par semis ou par la greffe en fente, quelquefois par marcottage ou par drageons qui sont nombreux chaque année. Un des principaux soins de culture consiste précisément à enlever ces drageons au pied des arbres. On cultive le grenadier en plein vent ou en espalier. Dans ce dernier cas, le mode de palissage est très simple : il consiste uniquement à appliquer les branches contre les murs. Les grenades sont de grosses baies globuleuses à jus légè-

rement acide, d'un goût frais et agréable; elles mûrissent en septembre ou en octobre; on peut les conserver jusqu'en décembre.

Il est possible de cultiver le grenadier en dehors de la région
méridionale, sur des points bien abrités contre le froid.

Néflier. — Le *néflier* commun est un arbre indigène dans
toute l'Europe centrale; il n'est donc pas spécial à la région
méridionale. Mais dans celle-ci, la culture d'une espèce exotique
de néflier a pris, depuis une quinzaine d'années, une importance
assez grande. C'est le néflier du Japon, ou mieux *bibassier*, arbre
ou arbrisseau à feuilles grandes et aiguës, vertes en dessus,
rougeâtres et cotonneuses en dessous, à fruits assez petits, ovales,
renfermant une pulpe jaunâtre et agréable. La maturité de ces
fruits arrive en août et septembre, plus tôt en Algérie où l'on
trouve des cultures assez importantes de cet arbre. Le néflier du
Japon est rustique et ne demande que des soins de culture assez
sommaires, sans taille spéciale.

Pistachier. — Le *pistachier* est un arbre originaire d'Orient,
mais acclimaté depuis longtemps dans la région de la Méditerranée. Il atteint de 4 à 6 mètres; ses feuilles sont composées;
ses fleurs, en panicules courtes, se développent sur le bois de
deux ans. Les fruits, de l'épaisseur du petit doigt, ovoïdes,
peuvent être comparés à des olives; le noyau est entouré d'un
brou qui se dessèche à la maturité, et il renferme une amande
allongée, qui est employée surtout dans la confiserie. Le pistachier demande, pour mûrir ses fruits, une assez grande somme de
chaleur; aussi la culture de cet arbre n'est pas sortie de la région méridionale; toutefois, on en cite quelques plantations aux
environs de Paris, en espalier et en exposition chaude. Dans le
midi, cet arbre vient bien, même dans les terres les plus sèches.

Le pistachier étant dioïque, on doit, pour assurer la production fruitière, avoir dans le même jardin des arbres à fleurs
mâles et des arbres à fleurs femelles; on tourne la difficulté
en greffant quelques rameaux d'un arbre mâle sur un arbre à
fleurs femelles. On greffe assez souvent le pistachier sur le
lentisque et le térébinthe; dans ce cas, on implante sur le
même arbre des rameaux mâles et des rameaux femelles.

Jujubier. — Le *jujubier* est un assez grand arbre qui atteint
de 8 à 10 mètres; il peut venir en pleine terre dans toute la

France, mais il ne fructifie que dans la région méridionale. On en cultive plusieurs variétés qui mûrissent d'août à octobre; les fruits sont employés surtout dans la confiserie.

L'arbre croît lentement; il n'est en plein rapport qu'à sa vingtième année; il ne prospère que dans les terrains soumis à l'irrigation.

Caroubier. — Le *caroubier* est un arbre qui atteint une hauteur de 10 à 12 mètres, à tête arrondie, à rameaux tortueux; il vient bien dans les sols rocailleux et secs, surtout au bord de la mer. Ses fruits servent surtout à l'alimentation des animaux domestiques, principalement des chevaux et des mulets. Le caroubier est un arbre important pour les régions méridionales de l'Italie.

10ᵉ LEÇON

ARBUSTES ET PLANTES A PARFUM
ARBRES D'ORNEMENT

Sommaire. — Principales plantes à parfum. — Culture du rosier, du géranium, du jasmin, de la cassie, de la violette, de la tubéreuse, de la jonquille, de la menthe, de la mélisse, du réséda. — Arbres d'ornement à feuilles caduques et à feuilles persistantes.

C'est surtout dans les jardins de la France méridionale, notamment dans une partie de l'ancienne Provence et dans le comté de Nice, que la culture des plantes à parfum a pris une grande importance; elle s'est aussi propagée en Algérie. On donne le nom générique de plantes à parfum à celles dont les fleurs et les autres organes donnent les huiles et essences exhalant des odeurs suaves, plus ou moins fortes, utilisées par diverses industries. Ces plantes sont inégalement réparties entre plusieurs familles botaniques.

Rosier. — Le premier rang appartient au rosier. Toutes les espèces de rosier ne sont pas cultivées indistinctement pour l'extraction des parfums. Celle qui est préférée est le rosier des quatre saisons ou rosier de mai, arbuste touffu et buissonnant,

qui atteint une hauteur de 1 mètre à 1^m,50, à feuilles d'un
vert tendre bordées de rouge, à fleurs rose foncé, solitaires ou
réunies, par deux ou trois, au sommet d'un même pédoncule.
On cultive aussi le rosier de Provins et le rosier de Damas, qui
ne se distinguent bien de la précédente variété que par la forme
du fruit, qui est ovale ou globuleux.

La plantation d'un champ de rosiers se fait par drageons ou
éclats de racine. Ces drageons sont plantés en lignes espacées
de 1 mètre à 1^m,10, séparés les uns des autres par une distance
de 30 à 50 centimètres; généralement, on compte 30 000 pieds
de rosier par hectare. Les soins de culture consistent en binages
et sarclages qui ont pour objet de maintenir meuble la surface
du sol et de faire disparaître les mauvaises herbes qui tendent
à l'envahir. La première année, le sol n'est pas fumé; mais,
à partir de la deuxième année, on y met chaque année environ
20 000 kilogrammes de fumier entre les lignes. A la fin de
l'hiver, on procède à la taille, laquelle a pour objet d'enlever les
gourmands qui poussent au pied des rosiers, le bois mort et les
ramifications qui ont porté des roses. Lorsque les bourgeons se
sont développés, on entrelace les pousses de l'année précédente,
afin de provoquer une abondante production de fleurs.

C'est au mois de mai que la floraison est dans son plein : la
cueillette se fait chaque matin, en coupant les fleurs épanouies.
On les dépose dans un panier, et on les garde à l'ombre jusqu'au moment de les enlever. La cueillette est arrêtée chaque
jour à neuf heures, car l'expérience a démontré que les fleurs
coupées en plein soleil sont moins parfumées que celles enlevées
le matin.

Un champ de rosiers peut durer de quatorze à quinze ans.
Au bout de ce temps, on arrache les rosiers et on défonce le
sol. On peut ensuite effectuer une deuxième plantation, mais
en plaçant les lignes de rosiers dans les interlignes de la plantation précédente. Le rendement moyen d'une plantation est de
500 à 600 kilogrammes de fleurs, que les fabricants de parfums achètent de 50 à 75 centimes par kilogramme. C'est donc
au bas mot, un produit brut de 2500 à 3000 francs par hectare.

On extrait de la rose de l'essence de rose, de l'eau de rose et
de la pommade de rose.

L'essence de rose est obtenue par la distillation directe de la fleur. Ce procédé industriel n'est pas usité en France, à cause de la faible quantité d'essence qu'on peut retirer de la rose : un kilogramme de fleurs ne donne pas plus de 40 milligrammes d'essence. Il faudrait employer le produit de cinq à six hectares pour obtenir un kilogramme d'essence, qu'on peut trouver à bien meilleur compte en Turquie, où les frais de culture et de main-d'œuvre sont beaucoup moins élevés.

Pour faire de l'eau de rose, on distille les fleurs en présence du double de leur poids d'eau, dans un alambic chauffé à la vapeur ou à feu nu. Avec 30 kilogrammes de roses et 60 litres d'eau, on peut obtenir 40 litres d'eau de rose. Si l'on veut des eaux extrafines, on ne retire à la distillation que la moitié de cette quantité.

La préparation la plus commune est la pommade de rose. On la prépare par le procédé dit de l'*enfleurage* ou *fleurage*. Cette opération repose sur l'affinité des corps gras pour les essences contenues dans les plantes à parfum. Des cadres ou châssis, ayant une profondeur de 8 centimètres environ, sont fermés par une forte lame de verre; ils constituent ainsi une boîte, sur le fond de laquelle on étend une couche d'axonge (graisse de bœuf ou de mouton épurée, mélangée avec de la graisse de porc), jusqu'à ce que cette couche arrive à 2 centimètres du bord. Sur cette couche, on répand les pétales de rose jusqu'à ce que le châssis soit rempli. On place par-dessus un deuxième châssis qu'on remplit de la même manière, puis un troisième et d'autres encore, suivant la quantité de fleurs qu'on traite. On forme ainsi une pile qu'on laisse en repos pendant un ou deux jours. Au moment voulu on démonte les châssis, on remplace les pétales par d'autres pétales frais et on remonte la pile. On répète la même opération pendant un temps plus ou moins long, suivant que l'on veut obtenir une pommade plus ou moins concentrée et suivant la température ambiante. Le produit est la pommade de rose. Pour obtenir le degré de concentration le plus élevé, c'est-à-dire la pommade la plus parfumée, on doit employer 10 kilogrammes de pétales de roses par kilogramme de graisse. Dans ces derniers temps, on a remplacé, dans l'enfleurage, la graisse par la paraffine, laquelle se conserve indéfiniment sans altération.

En traitant la pommade par l'alcool pur qui s'empare de l'arome, on obtient de l'extrait de rose.

Au lieu de graisse, on peut pratiquer l'enfleurage avec de l'huile d'olive pure. A cet effet, les châssis sont remplis de morceaux de molleton de coton imbibés d'huile; c'est sur ce molleton qu'on dépose les pétales de rose. Lorsque l'huile est bien imprégnée du parfum, on soumet le molleton à l'action d'une forte presse. On recueille l'huile qui s'écoule; elle est appelée huile essentielle de rose.

GÉRANIUM. — Le *Géranium rosat*, nom vulgaire d'une espèce de *Pelargonium*, donne un parfum très semblable à celui de la rose. C'est une plante herbacée, vivace, à feuilles cordiformes, à fleurs petites, régulières, disposées en ombelles et de couleur rose foncé. Il lui faut un sol assez profond, frais ou arrosable. On forme les champs en plantant des boutures enracinées, à distance de 40 centimètres en tous sens; on pratique le nombre de binages nécessaires pour que le sol soit bien débarrassé des mauvaises herbes. Pendant les chaleurs, on donne des arrosages assez fréquents, généralement tous les quinze jours. Aux mois d'août ou de septembre, on coupe les tiges à la faux, comme on le ferait pour une luzernière. Avant l'hiver, on procède au buttage des pieds de géranium pour les préserver contre les gelées. Le rendement est, en moyenne, de 20 000 kilogrammes de tiges fraîches par hectare.

La culture du géranium rosat en Algérie a pris une grande extension. Introduite à Chéragas il y a une trentaine d'années, elle y a fait la fortune d'un grand nombre de colons. Les trappistes de Staouéli consacrent chaque année 25 hectares à cette culture.

La plante, dès qu'elle est coupée, est soumise tout entière à la distillation; on obtient ainsi de l'essence de géranium, dont l'odeur ressemble tout à fait à celle de l'essence de rose. 100 kilogrammes de feuilles de géranium donnent de 100 à 120 grammes d'essence, dont le prix atteint 250 francs par kilogramme.

JASMIN. — Le *Jasmin* cultivé comme plante à parfum est le Jasmin d'Espagne, à fleurs blanches, rosées extérieurement. Comme il ne vient que difficilement par bouture, on le greffe sur le jasmin commun, qui est beaucoup plus rustique, mais dont la floraison est éphémère et dont les fleurs n'exhalent pas le parfum de celles du jasmin d'Espagne.

La plantation des boutures s'opère sur un terrain profond, bien fumé, susceptible d'être soumis à l'irrigation. On les place sur des lignes écartées de 80 à 90 centimètres, en les espaçant de 15 à 20 centimètres. La première année, on ne pratique que des binages, et pendant l'été, des arrosages chaque semaine ou toutes les deux semaines, suivant l'état du sol. On peut, pour utiliser les interlignes, les jasmins étant encore courts, y prendre une culture de légumes. — La deuxième année, on procède à la greffe, en recepant le sujet à 3 ou 4 centimètres du sol, et en greffant en fente; on butte la greffe. Pendant l'été, on découvre la greffe, et on palisse les rameaux sur un treillage en roseaux. Les autres soins de culture consistent en binages et en arrosages. A partir de la troisième année, on procède à la taille; les soins de culture restent d'ailleurs les mêmes. En novembre, on butte les pieds pour protéger le point de la greffe contre la gelée.

Le jasmin commence à fleurir la deuxième année, mais la floraison n'est complète qu'à partir de la quatrième année de la plantation, c'est-à-dire la troisième année qui suit la greffe. La cueillette se pratique depuis le mois de juillet jusqu'au mois d'octobre; elle est faite par des femmes le matin, de bonne heure, comme pour la rose, mais après que la rosée est complètement dissipée. Les fleurs de jasmin qui ont reçu la pluie après leur épanouissement, noircissent et n'ont plus aucune valeur pour la fabrication des parfums. Aussi est-ce une habitude à Grasse, quand le ciel est nuageux pendant la nuit et quand la pluie est imminente pour le matin, que les jardiniers, qui dirigent les plantations de jasmin, parcourent les rues de la ville à trois heures du matin, pour avertir les femmes de se rendre sans retard à la cueillette.

Le produit du jasmin, dans une plantation bien conduite, peut être évalué, en moyenne, à 5000 kilogrammes de fleurs, lorsque la plante a acquis son développement, c'est-à-dire à partir de la troisième année. Le produit brut annuel est d'environ 2500 francs par hectare. La durée d'une plantation est de quinze à vingt ans.

Avec les fleurs du jasmin, on prépare des pommades, des huiles et des extraits. Les procédés de fabrication sont les mêmes que ceux qui ont été indiqués pour la rose : l'enfleurage et le traitement par l'alcool rectifié.

CASSIE. — On connaît partout aujourd'hui la *cassie*, dont les fleurs globuleuses sont expédiées dans toutes les grandes villes de France à la fin de l'automne et en hiver sous le nom de *mimosa*. Ces fleurs globuleuses, ressemblant à de petits boutons d'or, ont un parfum spécial très délicat.

La cassie est un arbuste épineux, de la famille des Légumineuses. Originaire des Indes, il est cultivé presque exclusivement dans la zone maritime des Alpes-Maritimes. Ses rameaux chargés de feuilles décomposées, pennées, à folioles presque linéaires, portent des fleurs axillaires en capitules pédonculés. Cet arbuste vient bien dans les terres légères, un peu profondes; mais il est délicat et doit être abrité contre les vents du nord. On le multiplie par graines en pots : au bout d'un an, on met les jeunes plants en place, en les espaçant de deux à trois mètres en tous sens. Les soins de culture consistent en binages et en arrosages; on butte pour l'hiver. On taille les jeunes arbres pour leur donner la forme en gobelet ou en vase, qui est la plus propice pour la récolte des fleurs. La floraison se produit depuis le mois d'août jusqu'en novembre; les dernières fleurs, qui ne peuvent pas s'épanouir complètement, sont vendues comme fleurs d'ornement. La cueillette se pratique chaque jour après la disparition de la rosée.

Les fleurs de cassie sont généralement traitées par l'enfleurage pour en extraire le parfum. Une plantation d'un hectare, renfermant 2500 pieds, peut donner 1200 à 1500 kilogrammes de fleurs.

VIOLETTE. — Parmi toutes les espèces de *violettes*, c'est la violette de Parme, à fleurs lilas, à odeur pénétrante, qui est surtout cultivée comme plante à parfum. Les méthodes de culture ne sont pas partout les mêmes. Tantôt on cultive la violette en bordure, tantôt en planches sur des lignes espacées de 50 centimètres environ. La multiplication se fait au printemps, par drageons, en terre bien ameublie et bien fumée. Les soins de culture consistent en binages et en arrosages; à l'automne, ou après la cueillette, on enlève les rejets pour conserver leur vigueur aux touffes. La cueillette des fleurs commence vers le milieu de février, et dure jusqu'en avril; sur les points bien abrités, on peut obtenir des fleurs dès le mois de décembre.

C'est par macération qu'on extrait le parfum des fleurs de la violette. On évalue à 1500 kilogrammes le produit en fleurs sur une surface d'un hectare. Une plantation de violettes dure environ quatre ans.

Tubéreuse. — La *tubéreuse*, de la famille des Liliacées, est aussi l'objet d'une culture importante. Elle se multiplie par les oignons qu'on plante en avril, en lignes espacées de 30 centimètres, les pieds étant distants de 15 centimètres environ. Les soins de culture consistent surtout en binages; on arrose chaque semaine par submersion.

Les tiges apparaissent vers le mois de juin. La floraison a lieu de juillet à octobre. Les fleurs sont cueillies aussitôt qu'elles s'épanouissent, ce qui arrive le plus souvent vers le milieu du jour. Tous les deux ans, on enlève les oignons à l'automne, pour séparer les caïeux qui doivent servir aux plantations subséquentes.

La production moyenne est évaluée à 1500 kilogrammes de fleurs par hectare, leur prix est de 3 à 5 francs par kilogramme; c'est donc un produit très élevé. Le parfum des fleurs est extrait par l'enfleurage; il faut employer trois kilogrammes de fleurs par kilogramme de graisse pour obtenir le parfum le plus concentré.

Jonquille. — La *jonquille* appartient au genre Narcisse, de la famille des Amaryllidacées; elle est aussi cultivée pour ses fleurs, mais dans des proportions beaucoup moindres que les précédentes plantes. La méthode de culture est la même que pour la tubéreuse.

Menthe. — La *menthe poivrée*, de la famille des Labiées, est cultivée suivant des méthodes analogues à celles adoptée pour le géranium rosat. C'est une plante herbacée vivace, qu'on multiplie par éclats des racines : on plante en lignes distantes de 30 à 35 centimètres. Quelques binages et des arrosages copieux constituent les principaux soins de culture nécessaires.

On procède à la fauchaison lorsque la plupart des fleurs son épanouies, c'est-à-dire en juillet et en août; on coupe tout : tiges, feuilles et fleurs. Le produit est d'environ 8000 à 10 000 kilogrammes de parties vertes. Quelquefois on obtient un regain, mais de moindre valeur.

C'est par la distillation qu'on extrait l'essence de menthe; on retire généralement un kilogramme d'essence pour 500 kilogrammes de tiges et de feuilles vertes.

La culture de la menthe poivrée n'est pas exclusive à la France méridionale; on l'a introduite avec succès à Gennevilliers, aux portes de Paris, sur les terres arrosées avec les eaux d'égout de la capitale. L'essence n'y a pas perdu le parfum pénétrant qui la fait rechercher.

MÉLISSE. — La *mélisse citronnelle*, de la famille des Labiées, est encore cultivée suivant des méthodes analogues, mais le produit qu'elle donne est beaucoup plus élevé que celui de la menthe. Seulement cette plante exige des terres fraîches, plus fertiles que celles où la menthe se développe bien.

Dans de bonnes conditions, on peut en obtenir deux et même trois coupes par an. La première coupe donne de 15 000 à 18 000 kilogrammes de tiges, feuilles et fleurs; les autres ensemble, une quantité à peu près égale.

L'essence de mélisse est obtenue par la distillation des parties vertes.

RÉSÉDA. — Le *réséda odorant*, de la famille des Résédacées, se multiplie par graines semées à la volée, en terre bien fumée. Les soins de culture consistent surtout à éclaircir les plants, de manière qu'ils soient distants de 20 à 25 centimètres. La floraison se produit de juin en juillet; on récolte les fleurs à mesure qu'elles se développent. Un hectare donne de 1500 à 2000 kilogrammes de tiges fleuries.

A cette liste déjà longue, il convient de joindre encore l'*Héliotrope*, le *Basilic*, la *Marjolaine*, l'*Hysope*, quoique la culture en soit moins générale. C'est surtout par la distillation qu'on en extrait le parfum.

Plantes sauvages. — Sur les collines, les rochers, les terres incultes, la *Lavande*, le *Thym*, le *Romarin* poussent en abondance. Rarement on cultive ces plantes, mais on procède régulièrement à la récolte des fleurs, à la fin du printemps ou au

8

commencement de l'été suivant la région. Parfois on se sert
d'alambics portatifs pour distiller sur place et éviter de transporter aux usines souvent éloignées des charges considérables
de fleurs.

Dans les mêmes localités, on utilise encore pour la parfu-
merie les fleurs, les feuilles et même les fruits d'arbres cultivés
pour leurs fruits, l'*Oranger*, le *Citronnier*, etc.; c'est le plus
souvent par pression qu'on extrait l'essence d'orange, de cédrat,
de citron ou de bergamote.

ARBRES ET ARBUSTES D'ORNEMENT. — Les arbres, arbustes et
arbrisseaux qu'on cultive exclusivement pour servir à l'ornement d'un jardin sont nombreux. Dans les grands jardins d'agrément, ils constituent la plus grande partie des végétaux cultivés;
dans les petits jardins, leur nombre se restreint. Ces plantes
sont de toute taille; on doit toujours veiller à ce que leurs
dimensions soient proportionnées à la surface même du jardin.
Les grands arbres font un mauvais effet dans un petit jardin,
et ils y projettent trop d'ombre; dans les grands jardins, au
contraire, les arbres élevés doivent prendre une place importante, sans que cependant on doive y répudier les arbustes dont
les massifs garnissent les vides laissés entre les grands arbres.

Les arbres et arbustes d'ornement se répartissent en deux
catégories : *arbres à feuilles caduques*, c'est-à-dire dont les
feuilles se renouvellent chaque année et tombent à l'automne;
arbres à feuilles persistantes, c'est-à-dire garnis de feuillage
en toute saison. La plupart des arbres d'ornement appartiennent
à la première catégorie; les arbres de la famille des Conifères
forment presque exclusivement la seconde.

On emploie comme arbres et arbustes d'ornement, soit les
végétaux indigènes des forêts, soit des végétaux exotiques intro-
duits de pays plus ou moins éloignés. Les uns sont recherchés
pour leur port et leurs dimensions, les autres pour leur feuillage, d'autres encore, mais plus rarement, pour leurs fleurs ou
pour l'aspect de leurs fruits. Suivant le climat du pays d'où
ils proviennent, les végétaux exotiques sont plus ou moins rustiques : les uns peuvent venir à l'air libre dans toutes les parties
de la France; les autres exigent soit la culture dans des pots
que l'on rentre dans les habitations pendant l'hiver, soit des

abris pour cette saison s'ils sont plantés en pleine terre. Un arbre est acclimaté, quand il se reproduit naturellement de graines, dans les localités où il a été introduit.

Il est impossible de dresser une liste complète des arbres et arbustes d'ornement, mais quelques indications sont nécessaires sur les principales opérations de leur culture.

Plantation. — Il convient de choisir, pour chaque nature de sol, les essences qui peuvent s'y développer le plus facilement. C'est par l'observation qu'on constate à quels arbres convient un terrain déterminé.

Il importe de choisir toujours des arbres jeunes, qui n'aient pas plus de trois ou quatre ans. La reprise des arbres âgés est difficile, et la végétation de ces arbres subit le plus souvent un arrêt qui est préjudiciable à leur développement ultérieur et d'où peuvent résulter des altérations dans le tronc ou les branches.

L'automne est l'époque la plus favorable pour la plantation des arbres à feuilles caduques, excepté dans les terrains bas et humides où les racines pourraient être atteintes par la pourriture. Pour les arbres à feuilles persistantes, le printemps, après la reprise de la végétation, est le meilleur moment pour la transplantation.

Le plus souvent les arbres sont plantés en mottes, c'est-à-dire avec la terre qui en entoure les racines. Il convient toujours de procéder à l'*habillage* des racines. Cette opération consiste, comme il a été expliqué précédemment, à couper avec le sécateur ou la serpette les extrémités des racines, déchirées ou froissées ; mais il faut la restreindre aux seules racines atteintes, afin de conserver la plus grande étendue possible à l'appareil radiculaire. Le pralinage des racines, c'est-à-dire le saupoudrage avec des engrais pulvérulents, exerce une heureuse influence sur la reprise des arbres. Il convient de supprimer sur les branches une quantité à peu près égale aux pertes subies par les racines. Le badigeonnage de la tige, au commencement de l'été qui suit la plantation, avec un engluement fait de chaux éteinte et d'un peu de terre argileuse, est une excellente opération pour aider à la reprise des arbres.

Mélange des essences. — Parmi les arbres d'ornement, les

uns deviennent plus vigoureux quand ils sont isolés, tandis que d'autres se développent mieux en massifs; l'expérience sert de guide pour chaque cas particulier. Quant à l'étendue à réserver à chaque arbre, elle dépend de son port et du développement que prennent ses racines.

Dans les plantations en massifs, on groupe les essences suivant les affinités qu'elles possèdent pour le sol, et d'après les contrastes que l'on peut obtenir par le mélange de leur feuillage, soit sous le rapport de la forme, soit sous le rapport de la couleur. C'est une affaire de goût sur laquelle il est impossible de donner des règles absolues. Dans la plupart des cas, on doit éviter de mélanger des essences à feuilles persistantes avec des essences à feuilles caduques, car les premières auraient tendance à étouffer les secondes.

Modes de multiplication. — Les modes de multiplication les plus variés s'appliquent aux plantes d'ornement. On emploie le plus souvent les semis, les boutures et les marcottes. La multiplication en pépinière ou sur place dépend des espèces, de leurs besoins spéciaux et du climat.

Taille. — La taille est rarement appliquée aux arbres ou arbustes d'ornement. On pratique l'émondage ou la tonte lorsqu'on veut leur donner une forme spéciale; mais toutes les espèces ne se prêtent pas également à ces opérations. Parmi celles qui se prêtent le mieux à la taille, le buis, le charme, les rosiers, quelques espèces de Conifères se placent au premier rang.

Les formes géométriques données aux arbres et arbustes d'ornement, autrefois pratiquées communément, ne sont plus appliquées que rarement. Pour la plupart des essences, on se borne à enlever les branches mortes, à rogner celles dont la vigueur paraît exagérée, ainsi que celles qui tendraient à provoquer de la confusion dans l'aspect général des massifs.

II° LEÇON

GREFFE

Sommaire. — Définition de la greffe. — Analogie nécessaire entre le sujet et le greffon. — Conditions générales pour le succès de la greffe. — Classification des greffes. — Greffes par approche. — Greffes en écusson. — Greffes en fente. — Soins à donner aux greffes. — Ligatures et engluements. — Conséquences de la greffe.

La *greffe* est une opération qui consiste à implanter et à faire vivre un fragment de végétal, appelé *greffon,* sur un autre végétal appelé *sujet.* La greffe peut être pratiquée sur la tige ou sur les rameaux; on cite quelques exemples de succès dans la greffe sur racines. Le greffon, une fois soudé au sujet, conserve indéfiniment les propriétés et les qualités qu'il tient du végétal dont il provient.

La greffe se produit parfois naturellement entre des végétaux rapprochés. Cette opération a été pratiquée dès la plus haute antiquité; elle a principalement pour objet de conserver et de propager rapidement un grand nombre de variétés d'arbres d'utilité ou d'agrément, en donnant pour support à ces variétés des arbres plus robustes, mais dont les produits sont de qualité inférieure. On a vu, dans les leçons précédentes, que la greffe est adoptée, dans tous les jardins, pour toutes les espèces d'arbres fruitiers.

En horticulture, un arbre qui n'a pas été greffé, qu'on l'ait obtenu par semis, par bouture ou par marcotte, est dit *franc de pied.* On donne le nom de *sauvageons* soit aux jeunes arbres provenant de semis, soit aux jeunes arbres sauvages qu'on tire des bois pour les planter en pépinière.

Un *arbre sur franc* est celui qui a été greffé sur un sujet provenu de semis d'une espèce congénère ou d'une variété de la même espèce. On dit qu'un arbre est *franc sur franc,* lorsqu'on a greffé d'abord une espèce cultivée sur une espèce congénère et, une seconde fois, sur le produit de la première greffe, une autre espèce cultivée.

Dans tous les cas, le greffon conserve, en se développant, son

autonomie spéciale; le plus souvent, le sujet n'exerce pas généralement sur lui d'autre influence que d'en accroître la vigueur
et la rapidité du développement (voy. page 131).

La première condition, pour que la greffe réussisse, pour
qu'il y ait *reprise* suivant l'expression consacrée, c'est que les
parties vivaces du greffon et du sujet soient mises en contact,
qu'elles se soudent ensemble. On sait que, dans une tige ligneuse
ou une branche, la partie vivace est constituée par le cambium
ou zone génératrice, qui forme une sorte d'anneau entre le bois
et le liber. C'est à mettre en contact et en continuité, de la
façon la plus précise possible, les zones génératrices du greffon
et du sujet que doit tendre l'opération de la greffe.

Avant d'expliquer les méthodes adoptées pour obtenir ce
résultat, il convient de faire ressortir les conséquences de ce principe.

Il en résulte tout d'abord que la greffe n'est praticable
qu'entre végétaux dicotylédonés. On a tenté bien des fois, mais
toujours sans succès, de greffer des végétaux monocotylédonés.
La cause de cet insuccès se comprend facilement. Toute la vie
de la plante, dans cet ordre de végétaux, est accumulée vers le
bourgeon terminal; sur la tige il n'existe ni écorce ni cambium
proprement dit, et le foyer actif d'organisation que le cambium
présente dans les végétaux dicotylédonés, n'existe pas ici.

D'autre part, pour que la greffe réussisse, il est nécessaire
que la structure du sujet et du greffon présente de grandes
analogies. Sous ce rapport, les connaissances actuelles sont
encore trop imparfaites pour qu'on puisse indiquer les conditions
d'analogie qui forment la limite du succès de la greffe. Toutefois,
on peut indiquer des règles générales qui sont presque toujours
réalisées.

Entre individus de même espèce botanique, la greffe est
facile; entre individus d'espèces différentes, mais appartenant
au même genre, elle est encore assez facile. Entre genres
différents, dans la même famille, on réussit quelquefois, mais
on échoue dans un nombre plus considérable de cas. Entre végétaux de deux familles différentes, on ne connaît pas encore un
exemple de succès rigoureusement constaté.

Exemples : toutes les variétés de poirier se greffent sans diffi-

culté sur des sujets de poirier, toutes celles de pommier sur des
sujets de pommier. De genre à genre, l'expérience seule fait
connaître les affinités qui permettent la greffe, car on ne peut
tirer aucune conclusion directe des ressemblances extérieures.
Ainsi, on peut établir une soudure entre poirier et pommier,
mais on n'est pas encore parvenu à obtenir une greffe durable
entre ces deux végétaux; au contraire, le poirier se greffe
parfaitement sur le cognassier et sur l'aubépine, quoiqu'il
semble en apparence plus éloigné de ces végétaux que du
pommier. Autre exemple, le cognassier du Japon, très voisin du
cognassier commun, refuse de se greffer sur cet arbre. Parmi
des espèces appartenant à des genres différents, qui admettent
la greffe, on peut citer encore d'autres exemples : le planère
reprend sur l'orme, le lilas sur le troëne, le chionanthe sur le
frêne, le bibassier sur le cognassier.

De ce qu'une espèce peut servir de sujet pour une autre, on
ne doit pas conclure que l'inverse se produise. Ainsi le cognassier,
qui est un excellent sujet pour le poirier, ne reprend pas quand
le poirier est choisi pour sujet; le pêcher se greffe sur le prunier,
mais non le prunier sur le pêcher. Il est impossible d'assigner
une cause précise à ces différences que l'expérience constate.

Outre l'affinité de structure, les végétaux que l'on greffe l'un
sur l'autre doivent présenter une certaine analogie dans leur
mode de végétation. Il importe que, dans les deux végétaux, le
mouvement de la sève commence et s'arrête à peu près aux
mêmes époques de l'année. Toutefois, le greffon plus tardif que
le sujet présente moins d'inconvénients que le greffon plus précoce; en effet, dans ce dernier cas, il ne trouverait pas, au moment propice, les éléments nécessaires pour son évolution.

Après la greffe, le sujet et le greffon conservent indéfiniment
leur individualité propre. Les rameaux, les feuilles, les fleurs et
les fruits qui naissent au-dessus du point de soudure de la greffe
appartiennent invariablement à la même variété que le greffon.
Les rameaux et les feuilles qui se développent soit sur les racines, soit sur la tige au-dessous de la greffe, appartiennent toujours à la même variété que le sujet.

La plupart des greffes se font et restent en plein air, étant
protégées par des liens et un recouvrement; mais, pour quelques

végétaux, notamment pour la vigne, cette protection n'est pas suffisante, et la greffe se dessèche quand elle n'est pas protégée par une couche de terre; c'est ce qu'on appelle butter la greffe. Dans ce cas, il peut arriver que des racines se développent sur la partie enterrée du greffon, au-dessus de la greffe. On dit alors qu'il s'*affranchit*,

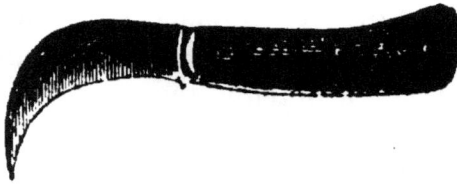

Fig. 30. — Serpette à greffer.

c'est-à-dire qu'il tend à vivre isolément, indépendamment du sujet. L'affranchissement étant contraire au but qu'on poursuit, on doit surveiller attentivement les greffes sous terre, et enlever toutes les radicelles qui apparaîtraient sur le greffon.

Un certain nombre d'outils sont nécessaires pour la greffe : la serpette, le sécateur, l'égohine, le greffoir, la gouge, le ciseau.

La serpette (fig. 30) est un couteau à manche à lame recourbée, dont le bec est plus ou moins saillant; il sert à couper les rameaux de petit diamètre et à aviver les tissus déchirés.

Le sécateur (fig. 31) est un instrument à deux lames, garni de deux manches séparés par un ressort. L'une des lames est tranchante, et l'autre taillée en biseau pour servir de point

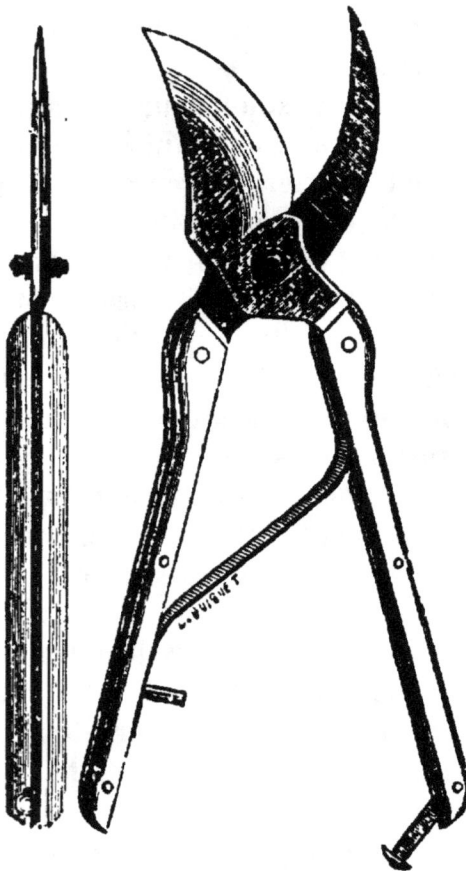

Fig. 31. — Sécateur.

d'appui. Le sécateur sert à couper les branches assez grosses pour qu'on ne puisse pas pratiquer la coupe par un seul coup de serpette. Un sécateur est bon quand il opère une coupe nette.

L'égohine (fig. 32), ou scie à main, sert à couper les fortes branches. On avive ensuite la plaie avec la serpette.

Fig. 32. — Scie à main.

Le greffoir (fig. 33) est un couteau à lame large et aplatie, dont la pointe est recourbée en arrière; le manche se termine en spatule. Le greffoir sert à pratiquer des incisions sur les rameaux, et la spatule à soulever les écorces sur les entailles.

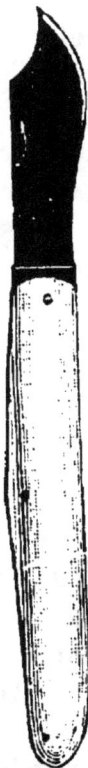

Le ciseau (fig. 34) est une lame triangulaire qu'on introduit, à petits coups de maillet, dans les branches ou les tiges fortes, pour y pratiquer des fentes régulières.

La gouge (fig. 35) se compose d'une tige de fer montée sur un

Fig. 33. — Greffoir.   Fig. 34. — Ciseau.   Fig. 35. — Gouge.

manche, recourbée à son extrémité et munie d'une gorge curviligne; elle sert à pratiquer sur le sujet une rainure dans laquelle on introduit le greffon.

Les méthodes de greffe sont très nombreuses; on les rapporte à trois types principaux dont il importe de décrire les formes les plus communes. Ces types sont : la greffe par approche, la greffe par bourgeons, la greffe par rameaux.

Greffes par approche. — La greffe par approche se pratique sur deux végétaux complets. On distingue la greffe par approche simple et la greffe par approche à l'anglaise.

La greffe par approche simple est celle qu'on pratique entre deux branches d'arbres ou d'arbrisseaux voisins ou entre une branche et le tronc d'un arbre voisin. L'une sert de greffon, et l'autre sert de sujet. Sur les parties des deux branches qu'on veut mettre en contact, on enlève, avec la serpette, l'écorce et une partie de l'aubier (fig. 36), en ayant soin de faire une section très nette, puis on rapproche les deux branches et on serre fortement avec un lien (fig. 37). Lorsque la soudure est complète, on sépare la branche greffée de son pied, en la coupant au-dessous de la ligature, et on coupe la tête du sujet au-dessus de la ligature. On n'a plus désormais qu'un seul végétal. La greffe par approche est celle que l'on constate parfois dans la nature.

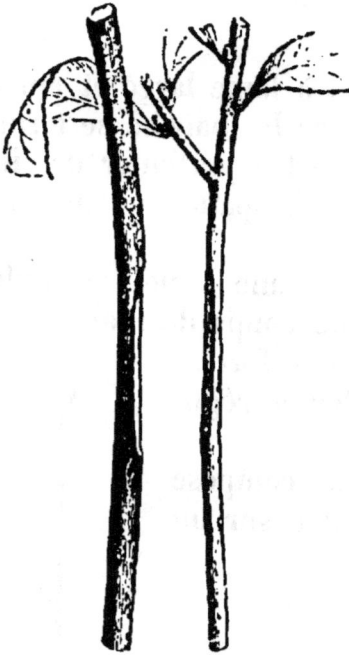

Fig. 36. — **Préparation de la greffe par approche.**

Dans la greffe par approche à l'anglaise, au lieu d'accoler simplement le greffon et le sujet, on pratique une fente sur l'un et l'autre au point où doit se faire la soudure, et on introduit les deux entailles l'une dans l'autre (fig. 38). Après la soudure, on enlève la partie inférieure C du greffon et la partie supérieure B du sujet, et il reste un seul végétal AD. Par cette méthode, on peut obtenir une reprise plus rapide de la greffe.

Greffes par bourgeons. — Dans cette méthode, on transporte sur le sujet un ou plusieurs bourgeons provenant de la variété qu'on veut propager. On distingue la greffe en écusson et la greffe en flûte.

La greffe en écusson est celle qui est le plus généralement pratiquée dans les jardins, comme on l'a vu dans les leçons précédentes. On l'appelle souvent *écussonnage*. Elle comprend trois opérations : préparation du sujet, préparation du greffon, greffe proprement dite.

La préparation du sujet consiste à en-

Fig. 57. — Greffe par approche.

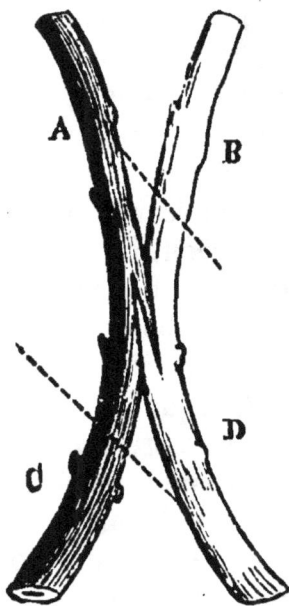

Fig. 58. — Greffe par approche à l'anglaise.

lever sur la tige ou sur la branche qui doit recevoir la greffe, les rameaux qui y poussent, à l'exception d'un seul dont la végétation maintient le mouvement de la sève dans le végétal. Ce rameau doit toujours être supérieur au point qui doit recevoir le greffon. Cette précaution est indispensable, car la greffe en écusson se pratique pendant que le sujet est en végétation.

La greffe en écusson se pratique soit en été, soit au printemps : dans le premier cas, c'est la greffe à œil dormant ; dans le second, c'est la greffe à œil poussant. Pour la greffe à œil dormant, on choisit sur l'arbre à propager le bourgeon sur un rameau de l'année ; pour la greffe à œil poussant, on prend le bourgeon sur un rameau de l'année précédente. On prend toujours les bourgeons sur des rameaux de grosseur moyenne, en ayant soin d'éviter l'emploi de bourgeons provenant de rameaux faibles ; en outre, il est nécessaire que les rameaux ne soient plus herbacés, qu'ils aient pris une consistance ligneuse, qu'ils soient aoûtés, suivant l'expression des horticulteurs. Enfin les bourgeons doivent être bien conformés, mais sans avoir de développement anormal.

Pour la greffe, on choisit de préférence les bourgeons au milieu des rameaux. Après avoir coupé le rameau, et enlevé les feuilles, en en coupant le pétiole par son milieu, on pratique avec le greffoir, au-dessus et au-dessous du bourgeon qui doit servir de greffon, une incision transversale dans l'écorce. Puis, on sépare le bourgeon, avec le même outil qu'on fait glisser entre l'écorce et l'aubier, en enlevant un peu d'aubier sous le bourgeon. La partie enlevée présente alors l'aspect que montre le centre de la figure 59. L'aubier qui se trouve immédiatement sous le bourgeon, en constitue ce qu'on appelle le germe ; il est nécessaire pour la reprise de la greffe.

Lorsque l'on doit opérer à la fois un certain nombre de greffes, on peut préparer tous les greffons nécessaires. Ces greffons se conservent pendant un ou deux jours dans une boîte garnie de mousse humide.

Pour préparer le sujet à recevoir le greffon, on y pratique une double incision, comme on voit à gauche de la figure 59 : l'une est longitudinale, l'autre est transversale au-dessus de la première ; ces incisions qui, forment un T, sont limitées à l'écorce. On soulève avec la spatule du greffoir l'écorce des deux côtés de l'incision longitudinale, et dans l'ouverture, on introduit immédiatement le greffon, de telle sorte que son bord supérieur coïncide exactement avec l'incision transversale. On procède à la ligature, comme on le voit à droite de la figure 39, puis on recouvre la greffe avec une feuille, si l'on craint une action trop vive du soleil.

Lorsque le greffon est très gros, ainsi qu'il arrive pour certaines espèces d'arbres, au lieu d'incisions en forme de T, on peut pratiquer les incisions en croix.

On voit, par ces détails, combien il est important que le sujet soit en sève au moment de l'écussonnage; autrement, l'écorce ne se détacherait pas. Lorsque l'on pratique la greffe à œil pous-

Fig. 39. — Greffe en écusson.

sant au printemps, on doit attendre que l'évolution de la végétation soit régulière, mais il importe aussi de procéder assez tôt pour que le rameau sorti du greffon s'aoûte dans la saison.

La greffe par écusson se pratique soit sur la tige, soit sur les branches. C'est ainsi qu'on peut l'employer pour rendre de la vigueur à un vieil arbre. La figure 21 (page 80) montre un poirier greffé primitivement en pied, puis rajeuni plus tard par l'écussonnage pratiqué sur chacune des branches charpentières de la palmette.

Dans la greffe en écusson à œil dormant, on recommande de conserver sur le greffon une partie du pétiole de la feuille. Si

ce pétiole se dessèche et se détache, c'est un signe que la greffe
n'a pas repris. On doit donc recommencer l'opération sur un
autre point de l'arbre.

La *greffe en flûte* consiste à substituer sur le sujet, à un
anneau d'écorce enlevé sur la tige, un greffon consistant en un
autre anneau d'écorce, d'égale grandeur, portant un bourgeon
préparé comme pour la greffe en écusson. C'est au printemps,
lorsque les deux arbres sont en sève, qu'on pratique cette greffe.
Il est nécessaire que l'anneau d'écorce constituant le greffon ait
exactement les mêmes dimensions que la partie d'écorce enlevée
au sujet; si le diamètre de ce dernier est plus grand, on n'enlève pas sur son pourtour l'écorce tout entière, mais seulement
une partie égale à la surface du greffon qu'on appliquera à sa
place. Il importe que le greffon soit placé dès que l'écorce
du sujet est enlevée; on pratique ensuite la ligature pour assurer
l'adhésion. On doit placer le greffon de telle sorte que son bourgeon soit directement au-dessous d'un bourgeon du sujet, lequel
sert à assurer la circulation de la sève.

Greffes par rameaux. — Dans toutes les greffes par rameaux,
le greffon est un rameau muni d'un ou de plusieurs bourgeons,
qu'on implante sur le sujet. Les principales formes de greffes
par rameaux sont : la greffe en fente, la greffe en couronne, la
greffe en placage.

La *greffe en fente* est, après la greffe en écusson, celle qui
est la plus usitée pour la multiplication des arbres fruitiers.
Elle est dite de côté ou terminale, cette dernière forme étant la
plus commune.

Pour pratiquer la greffe en fente terminale, on coupe à la
serpette la tête du sujet à une hauteur qui varie suivant la forme
que l'arbre doit garder. Sur les arbres dont le bois peut s'altérer facilement, on fait cette section obliquement, afin que la
pluie n'y séjourne pas. Avec la serpette, on taille en biseau
(fig. 40) la partie inférieure du greffon; puis on pratique, avec
le greffoir ou la serpette, une incision longitudinale sur le côté
du sujet; on élargit l'entaille en donnant des secousses de droite
et de gauche à l'outil, et à mesure que la fente se produit, on y
introduit le greffon en le poussant avec la main. Il faut que le
biseau pénètre tout entier dans la fente, sans que celle-ci

se prolonge en dessous, et que, sur toute la longueur de la fente, l'écorce du greffon coïncide parfaitement avec celle du sujet. Enfin, on doit éviter d'atteindre le rayon médullaire pendant l'opération. Une des difficultés de la greffe en fente, lorsque le sujet est jeune, est de ne pas le couper sur toute sa largeur.

Lorsque le sujet est assez gros, on peut pratiquer deux greffes aux deux extrémités d'une fente unique faite suivant une diagonale. Dans tous les cas, dès que le greffon est posé, on ligature et on recouvre d'un enduit.

On pratique la greffe en fente soit au printemps, soit à la fin de l'été, lorsque le mouvement de la sève tend à s'arrêter. Pour cette dernière, qu'on appelle greffe d'automne, il est impossible de fixer des dates précises; le moment le plus favorable dépend des variétés d'arbres, du climat, ainsi que des caractères spéciaux de la saison.

La greffe en fente *à l'anglaise* (fig. 41) est une modification de la greffe en fente ordinaire, pour la pratique de laquelle il faut que le sujet et le greffon aient un diamètre égal ou à peu près

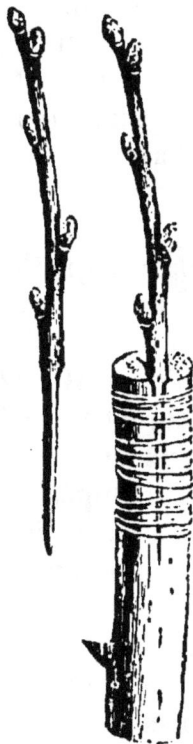

Fig. 40. — Greffe en fente terminale.

Fig. 41. — Greffe en fente à l'anglaise.

égal. On taille en biseau, suivant le même angle, la partie supérieure du sujet et la partie inférieure du greffon; on pratique sur chaque biseau une entaille verticale, puis on applique les deux biseaux en faisant entrer la languette du greffon dans l'entaille du sujet, et réciproquement. Lorsque la greffe est achevée, les écorces du sujet et du greffon doivent coïncider exactement dans toute leur longueur. On ligature et on recouvre d'un engluement.

La greffe à l'anglaise est dite *greffe à cheval*, lorsque, le sujet écimé étant taillé en double biseau, on pratique dans le greffon une entaille, par laquelle on le place à cheval sur ce biseau.

La *greffe en couronne* se pratique sur les sujets d'un diamètre assez gros pour recevoir facilement plusieurs greffons. Les greffons sont des rameaux longs de 10 à 15 centimètres, portant plusieurs bourgeons, et dont la partie inférieure est taillée en biseau (fig. 42). Le sujet est rabattu quelque temps avant de procéder à la greffe, et au moment de pratiquer l'opération, on en avive avec la serpette la face supérieure. Avec une lame de couteau, et au besoin avec le ciseau, on pratique entre l'écorce et l'aubier, en ayant soin de ne pas faire éclater l'écorce, une fente dans laquelle on introduit le rameau jusqu'au talon du biseau. Lorsque les deux, trois ou quatre rameaux qu'on veut greffer sont mis ainsi en place, on procède à la ligature du sujet, et on recouvre toutes les plaies, afin d'empêcher le contact de l'air et d'assurer la reprise. C'est au printemps, après le premier mouvement de la sève, que l'on pratique la greffe en couronne.

Fig. 42. — Greffe en couronne.

Dans la *greffe en placage*, on applique latéralement un rameau sur le sujet taillé en biseau jusqu'à l'aubier sur toute la longueur qu'on veut mettre en contact. A cet effet, on enlève au sujet A (fig. 43), sur une largeur égale au diamètre du rameau qui sert de greffon, l'écorce et les premières couches d'aubier, en terminant à la partie inférieure par une section transversale bien nette. On taille de même la partie inférieure du greffon en biseau plat, et on applique directement l'une sur l'autre les deux parties avivées. On lie et on recouvre ensuite. C'est toujours quand les arbres sont en sève que l'on pratique la greffe en placage; le printemps et l'automne sont les deux saisons favorables pour ce travail.

Ce mode de greffe peut être modifié de diverses manières. Si, par exemple, on pratique sur le sujet et le greffon des crans par lesquels ils s'emboîtent, on dit que la greffe en placage est à l'anglaise. Pour les arbres fruitiers, cette greffe est surtout employée lorsqu'il s'agit de remplacer sur une branche de charpente une branche fruitière qui a disparu, pour quelque cause que ce soit.

A la greffe en placage, se rattache la *greffe en rameau de côté*. Le greffon est toujours taillé en biseau plat; mais au lieu d'entailler le sujet, on fait simplement une incision superficielle en T, et on glisse le greffon sous les écorces soulevées.

Ligatures et engluements. — Les liens dont on se sert pour lier les greffes doivent présenter certaines qualités spéciales. Il importe qu'ils soient assez solides pour maintenir l'adhérence du greffon et du sujet, et surtout qu'ils ne subissent pas les effets des changements de température ou d'hu-

Fig. 45. — Greffe en placage.

midité de l'atmosphère : les liens qui se resserrent sous la pluie ou qui se relâchent par la sécheresse sont absolument défectueux. Il faut d'ailleurs que les liens soient assez élastiques pour ne pas provoquer l'étranglement de la greffe et qu'ils durent jusqu'à ce que celle-ci soit complètement soudée. Parmi les matières qui donnent de bons résultats, il convient de citer la laine, le coton, la ficelle de chanvre dédoublée, les écorces de tilleul, les fibres extraites de quelques plantes, notamment le raphia, la spargaine, etc.

Les engluements sont formés par des enduits qui recouvrent les greffes pour les protéger contre les intempéries. Il en existe

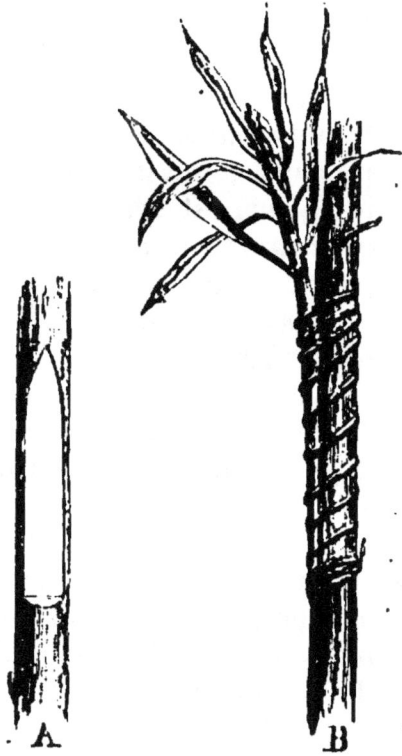

un grand nombre, dont le plus simple est la terre glaise délayée
dans l'eau pour former une pâte ; on l'étale autour de la greffe,
et après l'avoir maintenue avec un peu de filasse de chanvre, on
l'entoure d'un chiffon, de manière à constituer ce qu'on appelle
une *poupée*. On applique de la même manière l'onguent de
Saint-Fiacre, qui est formé par un mélange composé de deux
tiers de terre glaise et d'un tiers de bouse de vache. Dans le commerce, on trouve un grand nombre de *mastics à greffer*, dont
les uns sont employés à chaud et les autres à froid ; parmi ces
produits, le mastic Lhomme-Lefort, ainsi appelé du nom de son
inventeur, est généralement apprécié ; solide à la température
ordinaire, il se ramollit suffisamment sous la chaleur de la main
pour être appliqué directement sur les greffes.

Soins après la greffe. — Les principaux soins que réclament
les greffes sont relatifs à la surveillance des liens, à la suppression des rameaux du sujet, à la réduction des bourrelets.

Lorsque la reprise de la greffe a lieu, l'afflux de la sève dans
le greffon le fait gonfler ; il est donc à craindre que si la ligature
a été très serrée, il ne se produise un *étranglement* de la greffe.
C'est pourquoi on doit visiter fréquemment les arbres greffés,
surtout au printemps, et desserrer progressivement les liens,
lorsque l'on constate qu'ils pénètrent dans l'écorce. L'étranglement de la greffe en entraîne souvent la perte ; dans tous les cas,
il provoque des bourrelets et des exostoses qui sont les indices
d'une gêne dans la circulation intérieure des liquides nourriciers.

Dans la plupart des greffes, surtout dans la greffe par approche et dans la greffe en écusson, on laisse sur le sujet des
rameaux dont la mission est de maintenir la régularité dans la
circulation de la sève pour assurer la reprise. On supprime
progressivement ces rameaux, en commençant par les rogner
afin de provoquer le mouvement de la sève dans le greffon.
Lorsque la greffe est tout à fait reprise, ce dont on est assuré
au printemps qui suit l'opération, on peut supprimer la tête du
sujet, en la coupant de biais à un ou deux décimètres au-dessus de la greffe ; la partie conservée est dite *onglet* de la greffe.
Pour soustraire le jeune rameau greffé à l'action du vent qui
pourrait le décoller, on le fixe par un lien à l'onglet qui lui
sert de tuteur. L'année suivante, on supprime l'onglet, en le

coupant, toujours en biais, immédiatement au-dessus de la greffe.

Dans les greffes buttées, on a toujours à redouter l'affranchissement. Il faut donc les visiter assez souvent pour supprimer toutes les radicelles qui pourraient paraître sur le greffon.

La greffe par approche est dite sevrée, lorsqu'on a coupé la tige du greffon au-dessous de la greffe. On ne doit pratiquer cette opération que lorsque la soudure est complète. La meilleure époque est celle du repos de la végétation, c'est-à-dire depuis la chute complète des feuilles jusqu'à la fin de l'hiver. Dans le cas où l'on serait obligé de sevrer la greffe pendant la végétation, on recommande d'abriter la plante contre l'action directe du soleil; une trop grande évaporation pourrait provoquer le dessèchement des jeunes rameaux.

Quel que soin que l'on ait apporté à la greffe, il est assez rare que le sujet et le greffon soient en parfait équilibre de végétation. Il se produit souvent au-dessus de la greffe un bourrelet circulaire, signe d'un engorgement séveux qui peut être funeste au végétal. On atténue le bourrelet, si on ne le fait pas disparaître complètement, par des incisions longitudinales de l'écorce qu'on prolonge jusqu'au-dessous de la greffe. On pratique ces incisions au printemps, avec le greffoir. C'est surtout sur le bourrelet que se montrent les racines adventives dans les greffes buttées en terre.

Conséquences de la greffe. — On doit considérer les effets de la greffe sous le double rapport de la vitalité des arbres greffés et de la nature de leurs produits.

Si le sujet et le greffon conservent, après la greffe, leurs caractères distinctifs, cette opération a pour effet, dans la plupart des cas, d'affaiblir la vitalité de l'un et de l'autre, c'est-à-dire de diminuer leur durée normale. Un arbre greffé vit toujours moins longtemps qu'un arbre non greffé. Par exemple, un cognassier franc se développe avec vigueur dans les terrains les plus ingrats et il y prospère pendant une longue série d'années; si, sur un cognassier voisin, on greffe un poirier, l'arbre durera beaucoup moins longtemps. La raison de cette différence est dans ce fait que, quelque bien faite qu'elle soit, la soudure de la greffe est toujours une cause de gêne pour la circulation de la sève. D'autre part, les arbres en plein vent vivent toujours plus longtemps que les arbres de la même espèce conduits en espalier ou en contre-espalier; la taille fréquente et la direction forcée donnée aux branches sont ici les principales causes de la diminution qu'on constate dans la vitalité.

L'influence de la greffe sur la durée de l'arbre a une conséquence qui donne à cette opération sa principale valeur; en effet, la greffe accroît la fertilité de l'arbre, et même dans certains cas développe la qualité des fruits. Mais, pour obtenir ce résultat, il convient de choisir avec soin le sujet et le greffon pour réaliser les meilleures conditions d'harmonie entre la végétation de l'un et celle de l'autre. Les actions que le sujet et le greffon exercent l'un sur l'autre, ont été parfaitement exposées par un horticulteur émérite, M. Félix Sahut, à qui nous en empruntons l'exposé à peu près complètement.

En ce qui concerne l'influence directe du sujet sur le greffon, elle se résume dans les propositions suivantes :

1° Souvent le sujet moins vigoureux affaiblit la végétation de l'espèce ou variété servant de greffon;

2° Quelquefois, au contraire, le sujet plus vigoureux accroît la végétation de l'espèce ou variété servant de greffon;

3° Grâce à l'influence du sujet porte-greffe, beaucoup d'espèces peuvent se développer et même prospérer dans des natures de sols qui ne sont aucunement à leur convenance et dans lesquels souvent elles ne pourraient vivre sur leurs propres racines;

4° Dans certains cas le sujet porte-greffe exerce son influence sur la fertilité de l'arbre, en la faisant arriver plus promptement;

5° Dans quelques circonstances, le sujet porte-greffe agit sur la précocité de la variété employée pour greffon;

6° Généralement l'influence du sujet a pour heureuse conséquence de rendre la fructification plus abondante, d'augmenter le volume des fruits et d'en améliorer la qualité;

7° Quelquefois, au contraire, l'influence du sujet porte-greffe s'exerce dans un sens défavorable, ou modifie considérablement la nature du greffon (toutefois ces derniers faits sont rares).

L'influence reflexe du greffon sur le sujet peut s'exercer de diverses manières. On peut résumer ces faits comme il suit :

1° Si le greffon appartient à une espèce ou variété plus vigoureuse, il excite, en l'augmentant, la végétation du sujet porte-greffe;

2° Si, au contraire, le greffon appartient à une espèce ou variété moins vigoureuse, il retient, en la diminuant, la végétation du sujet porte-greffe;

3° Dans les surgreffages, le sujet et le greffon (devenu sujet à son tour) subissent l'un et l'autre l'influence du surgreffon;

4° Souvent le greffon agit sur le sujet en le forçant d'avancer ou de retarder l'époque à laquelle il se met en végétation;

5° Quelquefois le greffon modifie dans une certaine mesure les conditions de nutrition du sujet porte-greffe;

6° Le greffon peut exercer son influence sur le sujet en modifiant momentanément quelques-uns de ses caractères de végétation.

Aucune de ces propositions n'infirme ce qui a été exposé sur les avantages de la greffe; elles montrent seulement que l'on doit se garder de généraliser les faits acquis par l'expérience des arboriculteurs.

12ᵉ LEÇON

CULTURE POTAGÈRE. — COUCHES ET CHASSIS

Sommaire. — Énumération des espèces de légumes les plus usuels. — Culture dans les jardins et dans les champs. — Établissement des couches pour les semis. — Substances qui entrent dans la préparation des couches. — Emploi des cloches et des châssis. — Soins généraux de culture. — Étiolage des légumes. — Culture forcée.

Les plantes potagères, qu'on appelle aussi des *légumes*, sont les plantes herbacées, le plus souvent annuelles ou bisannuelles, dont quelques parties sont alimentaires pour l'homme. Elles servent comme mets ou comme assaisonnements. Le *jardin potager* est celui qui est exclusivement consacré à la culture des légumes, et la production de ces plantes est dite *culture potagère*.

Tous les légumes ne servent pas aux mêmes usages. On les répartit généralement en un certain nombre de catégories suivant les parties de la plante qui entrent dans l'alimentation. Ainsi il en est dont on mange les fleurs, d'autres dont on mange les feuilles ou les tiges, ou bien les unes et les autres, ou encore les racines, ou encore les graines ou les fruits, ou encore les enveloppes tendres des fleurs, avant que celles-ci soient formées ou épanouies.

Voici l'énumération des principales espèces de légumes le plus communément cultivées en France :

Plantes alimentaires par leurs tiges ou leurs feuilles : choux, épinards, oseille, laitue, chicorée, scarole, mâche, cresson, raiponce, poireau ;

Plantes alimentaires par leurs racines : pomme de terre, céleri, navet, panais, rave, salsifis, carotte ;

Plantes alimentaires par leurs graines ou leurs fruits : haricots, pois, fèves, tomates, aubergines, melons, courges, concombres, fraisiers ;

Plantes alimentaires par leurs enveloppes florales : artichaut et chou-fleur.

Plantes alimentaires par leurs fleurs : capucine, bourrache ;

Plantes condimentaires, employées comme assaisonnement à raison de leur saveur prononcée, de leur odeur forte ou du parfum qu'elles répandent : ail, oignon, persil, cerfeuil, ciboulette, échalotte, estragon, pimprenelle.

Les légumes sont presque exclusivement cultivés dans les jardins, sur des étendues assez restreintes ; mais on peut trouver des avantages considérables à en transporter la culture dans les champs. En effet, grâce à la rapidité des transports, on peut expédier aujourd'hui facilement la plupart des légumes sur les marchés des villes où ils sont toujours recherchés et se paient à des prix relativement élevés. Dans quelques régions de la France, la production des légumes dans les champs a pris une importance considérable. Les soins de culture que ces plantes exigent ne diffèrent pas de ceux qu'on donne communément aux autres plantes. Si l'on a soin de semer les variétés les plus convenables, comme quelques-unes des plantes potagères n'occupent le sol que pendant un temps assez court, on peut obtenir, sur le même terrain, deux récoltes au moins par an. La deuxième récolte donne presque toujours un produit net plus élevé, parce qu'on n'en doit défalquer que les frais de main-d'œuvre. Si l'une des deux récoltes vient à manquer, par suite d'un accident, la perte est beaucoup moins grande que dans les cultures ordinaires; l'agriculteur peut se récupérer par celle des récoltes qui a réussi.

Quoi qu'il en soit, que les plantes potagères soient cultivées dans les jardins ou dans les champs, les règles de la culture sont soumises aux mêmes principes.

La première règle consiste à alterner les semis et les plantations de telle sorte que l'on puisse avoir des produits pendant presque toute l'année et que les travaux de culture soient régulièrement exécutés; c'est la règle de l'*assolement* (voy. le *Cours d'Agriculture*). Sa bonne application dépend de plusieurs conditions.

On comprend facilement que le choix des légumes à introduire dans un jardin dépend, en premier lieu, de son étendue. Avec un grand jardin, on aura beaucoup plus de produits qu'avec un jardin plus petit; mais la production peut être considérablement augmentée, dans un petit jardin, grâce à des soins de culture prodigués avec intelligence et à une connaissance complète des besoins de chaque plante.

C'est en vue de bien faire saisir ces différences que nous allons donner deux modèles de plans de jardin potager.

Le premier sera un exemple d'un jardin de cultivateur, dans lequel on se préoccupe surtout de la production des légumes pour la famille.

Le second sera un exemple de jardin plus petit, dans lequel on cherche, en même temps, à donner des modèles de culture.

Premier exemple. — Nous supposons que l'étendue du jardin est de dix ares environ. Voici comment nous la répartirons pour y récolter une quantité de légumes suffisante pour les besoins de la famille.

Certaines plantes potagères occupent le sol pendant toute l'année. D'autres accomplissent les phases de leur végétation en peu de semaines et à des époques variées, de telle sorte qu'elles peuvent se succéder sur le même sol en une année.

Enfin, quelques-unes exigent la culture sur couche; en raison de la nécessité où l'on se trouve de créer pour elles un climat artificiel, ces dernières ne peuvent occuper qu'un espace restreint.

Pour la première série, on aura sur 500 mètres :

100 mètres carrés en *choux pommés* ou *cabus;*

200 mètres en *haricots* pour la provision d'hiver;

100 mètres en *pois* pour la provision d'hiver;

100 mètres en *artichauts;*

50 mètres en *oignon rouge, poireau* et *échalotte;*

50 mètres en *carottes* et *panais.*

Pour la deuxième série, on réservera 400 mètres répartis comme il suit :

100 mètres carrés en *fèves,* suivies de *navets;*

50 mètres en *laitues* et *romaines,* suivies de *choux-fleurs;*

50 mètres en *ail,* suivi de *chicorée frisée;*

50 mètres en *pommes de terre hâtives,* suivies de *choux de Milan;*

50 mètres en *pois nains,* suivis de *choux frisés;*

50 mètres en *choux hâtifs,* suivis de *céleri;*

50 mètres en *carottes hâtives,* suivies de *laitues;*

50 mètres en *haricots nains,* suivis de *mâches;*

50 mètres en *choux-fleurs,* suivis de *raiponce.*

Les cultures alternent sur les carrés.

Les 100 mètres carrés qui restent sont consacrés aux cultures sur couches, dont la moitié est en *melons, aubergines* ou *concombres,* et l'autre moitié est réservée aux *semis forcés.*

Quant aux menus légumes, les *radis,* l'*oseille,* le *cerfeuil,* le *persil,* etc., aucune place ne leur est réservée, parce qu'ils peuvent être avantageusement semés en *bordures.* Il en est de même pour les cultures *florales,* qui doivent trouver leur place ailleurs, comme il a été dit précédemment (1re leçon).

Les arbres fruitiers sont plantés, d'une part, le long des allées, d'autre part, le long des murs en espaliers ou en cordons.

Deuxième exemple. — On suppose que ce jardin, par exemple un jardin d'école, a une étendue de 6 ares.

En dehors des plates-bandes et des murs qui sont consacrés aux fleurs et aux arbres fruitiers, il est divisé en six carrés.

Le premier carré est subdivisé en deux parties : l'une consacrée aux expériences, l'autre à la culture des artichauts.

Le deuxième carré est aussi subdivisé en deux parties égales : la première réservée à une pépinière, la seconde à la culture des asperges.

Les quatre autres carrés sont consacrés à la culture des légumes. Cette culture est ainsi répartie :

Troisième carré : 1re *année*, pommes de terre hâtives, suivies de choux d'hiver; 2e *année*, haricots, pois, fèves en bordure, suivis de mâches; 3e *année*, carottes, choux, navets, avec salsifis en bordure, suivis de salades d'hiver et d'oignons blancs; 4e *année*, oignons, salades, poireaux, avec radis en bordure, suivis de navets d'hiver.

Quatrième carré : 1re *année*, oignons, salades, poireaux, avec radis en bordure, suivis de navets d'hiver; 2e *année*, pommes de terre hâtives, suivies de choux d'hiver; 3e *année*, haricots, pois, avec fèves en bordure, suivis de mâches; 4e *année*, carottes, choux, navets et salsifis en bordure, suivis de salades d'hiver et d'oignons blancs.

Cinquième carré : 1re *année*, carottes, choux, navets et salsifis en bordure, suivis de salades d'hiver et d'oignons blancs; 2e *année*, oignons, salades, poireaux et salsifis en bordure, suivis de navets d'hiver; 3e *année*, pommes de terre hâtives suivies de choux d'hiver; 4e *année*, haricots, pois, avec fèves en bordure, suivis de mâches.

Sixième carré : 1re *année*, pois, haricots, avec fèves en bordure, suivis de mâches; 2e *année*, carottes, choux, navets avec salsifis en bordure, suivis de salades d'hiver et d'oignons blancs; 3e *année*, oignons, salades, poireaux avec radis en bordure, suivis de navets d'hiver; 4e *année*, pommes de terre hâtives, suivies de choux d'hiver.

On voit que le jardin est soumis à un véritable assolement, de telle sorte que, chaque année, toutes les plantes potagères se présentent sur l'ensemble des carrés.

Ce n'est pas seulement par l'alternance des cultures que se règle l'assolement du jardin potager, c'est aussi par l'emploi judicieux des engrais, qu'il s'agisse du fumier ou des autres engrais (voy. 3e leçon). Le choix de ces engrais dépend surtout des facilités que l'on peut trouver pour se les procurer, ainsi que de la nature du sol.

Pour provoquer une plus grande rapidité dans le développement des plantes potagères, on pratique le plus souvent les semis sur *couches*, puis on repique les jeunes plantes sur la place qu'elles doivent occuper jusqu'à la récolte. La culture sur couches est la pépinière des plantes potagères.

Une *couche* est un sol artificiel formé par un mélange de terreau et de matières susceptibles de fermenter. Ces substances, consistant le plus souvent en fumier, sont disposées par lits recouverts par du terreau. La fermentation dégage une certaine quantité de chaleur, qui se communique au sol et par suite aux plantes qu'on y cultive. Pour que cette chaleur, qui est utile pour hâter le développement de la végétation, ne soit pas perdue, on recouvre la couche par une bâche, laquelle est le plus souvent formée par un coffre garni d'un châssis. La création d'une couche comporte donc un certain nombre d'opérations successives : préparation du terreau, choix de l'emplacement, dressage de la couche.

Le terreau est une terre noirâtre, légère, perméable à l'eau, un peu grasse au toucher, s'échauffant facilement sous l'influence du soleil. Il est formé par la décomposition soit du fumier, soit de substances végétales qu'on a incorporées au sol.

Pour fabriquer du terreau avec du fumier, on laisse ce fumier se décomposer, après l'avoir mis en tas et l'avoir recouvert d'une couche de terre; on abandonne ce tas à lui-même, en ne prenant pas d'autre peine que de le soumettre de temps en temps à des pelletages. Lorsque la masse est décomposée et qu'elle ne dégage plus de chaleur, elle est transformée en terreau. Une méthode plus simple pour se procurer du terreau consiste à se servir du fumier qu'on retire des anciennes couches; la transformation en terreau s'est opérée pendant la culture. Avant d'être employé, le terreau est préparé; on le brise en petits morceaux avec un râteau de jardinier. La formation du terreau par la décomposition du fumier demande une année.

Le terreau obtenu par la décomposition des matières végétales se fait plus lentement. Pour le préparer, on commence, par exemple, au printemps à former un tas dans lequel on dispose, par lits stratifiés, des feuilles sèches ou vertes, des mauvaises herbes, des fougères, du fumier de basse-cour ou de porcs. On arrose quelquefois pour activer la décomposition de toutes ces substances. A l'automne, on défait ce tas, on le remue et on le reconstruit, en ayant soin de placer dans le centre les parties les moins décomposées. Au printemps suivant, une partie sera transformée en terreau, et on pourra l'employer avec avantage pour former une couche. Mais, dans beaucoup de circonstances, il faut attendre dix-huit ou vingt-quatre mois pour que le terreau soit suffisamment achevé.

Le choix de l'emplacement pour les couches est une chose importante. Il est nécessaire de prendre, dans le jardin, la place la mieux exposée et la mieux abritée. S'il est possible de les placer au pied d'un mur courant de l'est à l'ouest, et du côté du midi, on devra choisir cet emplacement. L'exposition du sud-est est bonne; ensuite vient l'exposition du sud-ouest; celle de l'est et de l'ouest est passable, quand on ne peut pas en choisir d'autre; quant à l'exposition du nord, elle doit être absolument proscrite. Chacun connaît, sans qu'il soit utile d'insister, l'action du soleil sur la végétation.

Pour dresser la couche, on trace à la bêche, sur le sol, un rectangle de 1^m,80 de longueur sur 1^m,60 à 1^m,50 de largeur, la longueur étant dirigée dans le sens perpendiculaire à l'exposition, par exemple de l'est à l'ouest si l'exposition est au midi. On creuse la surface de ce rectangle à la profondeur d'un fer de bêche, et on enlève toute la terre; puis on nivelle le fond pour qu'il soit bien horizontal. Le chargement de la couche s'opère ensuite. On apporte près de l'emplacement une égale quantité de fumier neuf et de fumier vieux, et on les mélange par moitié avec la fourche. Avec ce même instrument, on étale le mélange au fond de la couche par lits égaux, en élevant les bords bien droits; lorsque la couche est achevée, on la piétine fortement deux à trois fois, ce qui fait diminuer de moitié l'épaisseur du fumier. On étale ensuite, par dessus le premier, un deuxième lit, en prenant les mêmes précautions. Généralement, deux lits de fumier, énergiquement tassés, suffisent pour remplir la couche; quelquefois, mais rarement, on doit mettre un troisième lit. Dès que la couche est dressée, on place le coffre qui doit la recouvrir; il est bon que le fumier déborde un peu, de 10 à 15 centimètres, sur le pourtour du coffre; on recouvre plus tard ce fumier avec de la terre, ce qui concentre davantage la chaleur à l'intérieur. Enfin, il est bon que la couche soit légèrement en pente, la partie où doit reposer le haut du coffre étant un peu plus élevée. On charge la couche en recouvrant le fumier par du terreau un peu tassé sur une épaisseur de 14 à 15 centimètres; si l'on n'a pas de terreau, on prend de la terre de jardin, émiettée avec un râteau. La préparation est achevée; un châssis est d'ailleurs posé sur le coffre, et il est recouvert par un paillasson qui n'est enlevé que lorsque le soleil donne sur la couche. Au bout de quelques jours, la chaleur développée par la fermentation du fumier commence à gagner le terreau qui le recouvre; une dizaine de jours après que la couche a été montée, la chaleur est devenue suffisante dans toute la masse pour qu'on puisse y semer les graines.

La préparation de la surface de la couche pour recevoir les semences est d'ailleurs assez simple; elle consiste à enlever les petites mottes et les cailloux qui peuvent s'y trouver encore, à presser légèrement le sol, puis à tracer, à la profondeur de 2 centimètres environ, de petits rayons parallèles dans lesquels on fait tomber les graines. Lorsque les graines garnissent un rayon, on y rabat les petits rebords de terre, et on tasse légèrement avec la main. Tous les rayons ayant été semés, on ferme avec le châssis.

Les soins d'entretien des couches sont simples, mais elles exigent une surveillance assez persévérante. Les jeunes plantes, outre la chaleur que leur procure la couche, ont besoin d'air, de lumière et d'eau pour se développer. L'eau leur est distribuée par des bassinages assez fréquents pour que la surface de la couche reste humide. Quant à l'air, on leur en donne en entr'ouvrant le châssis à l'aide d'une crémaillère; on l'entr'ouvre plus ou moins, suivant la température de l'air extérieur et l'action du soleil, car il importe de ne pas laisser perdre la chaleur dégagée dans la couche; pendant la nuit, les châssis sont toujours complètement rabattus sur le coffre. Il faut, en même temps qu'on procède à ces soins, enlever les mauvaises herbes dont les graines se trouvaient mélangés au terreau et qui ont germé en même temps que les graines semées.

Généralement, au printemps, les plantes venues sur couche sont assez fortes au bout d'un mois pour être enlevées et repiquées. On a gagné ainsi une avance notable sur la végéta-tion en pleine terre. Il est inutile d'ajouter que sur la même couche on peut semer des graines de diverse nature, mais il convient de placer les graines différentes dans des rayons différents, et de les distinguer par de petites étiquettes fixées sur des piquets en bois. Ainsi, en mars, on pourra semer, en même temps, sur une même couche, des graines de chou, de laitue, d'oignon, de poireau; en avril, des graines de bette-raves, de céleri, de chou, de laitue; en mai, des graines de céleri, de romaine, de chicorée, etc. On peut y semer aussi des graines de plantes florales. Pendant l'été, on pourra s'en servir pour des cultures spéciales de radis et d'autres petits légumes; pendant l'automne et l'hiver, pour hiverner des légumes verts, tel que choux, chicorée, etc. On peut donner aux couches de plus grandes dimensions; au lieu d'un châssis, on les recouvre par deux ou trois châssis; la couche est alors divisée avec avantage par des compartiments qui en font autant de cases spéciales de végétation.

La culture sous châssis, lorsque la chaleur solaire devient intense et prolongée, exige des soins tout particuliers; en effet, dans un châssis fermé, l'action directe de la lumière et de la chaleur solaire entraîne une rupture d'équilibre entre la trans-piration des parties vertes qui devient excessive, et l'aération qui devient insuffisante, parce que l'air se dessèche et ne se renou-velle pas. C'est pourquoi, tandis que les paillassons sont enlevés au printemps au moment où le soleil se montre, on s'en sert, pendant l'été, pour *ombrer*, c'est-à-dire pour garantir les châs-is contre l'ardeur du soleil, en même temps qu'on en blanchit les vitres à la craie ou à la chaux. Pour éviter les soucis que donne, en cette saison, l'entretien des châssis, M. Alfred Dumesnil a ima-giné des coffres vitrés dans lesquels la ventilation, c'est-à-dire le renouvellement de l'air intérieur, se fait sous l'action même de la chaleur solaire. Le système est d'ailleurs des plus simples;

à la partie supérieure du châssis est adapté un tuyau vertical en
tôle, servant de cheminée d'appel, tandis que, sur l'une des
faces du coffre, des petits trous, qu'on peut d'ailleurs boucher,
servent à l'introduction de l'air qu'un écran en tôle dirige contre
la face intérieure des vitres. Si le châssis est exposé au soleil,
tout en restant hermétiquement fermé, la cheminée et les ouver-
tures du coffre étant ouvertes, les vitres, échauffées par le soleil,
transmettent la chaleur à la couche d'air intérieur, lequel se
dilate, et tend à monter, c'est-à-dire à pénétrer dans le tuyau de la
cheminée d'appel, où se produit un tirage. Sous l'influence de
ce tirage, l'air extérieur pénètre par les trous du coffre, et,
grâce à l'écran qui le dirige, il vient s'étaler contre les vitres et
s'y échauffer avant de se répandre dans le châssis. Grâce à cette
disposition, les plantes n'éprouvent aucun inconvénient du
rayonnement solaire, et la végétation suit son cours régulier, en
enlevant au jardinier un des principaux soucis de la culture sous
châssis, d'autant plus que la circulation de l'air en entraîne
une épuration complète. En même temps, on utilise toute la
lumière et toute la chaleur solaires perdues dans les châssis
ordinaires.

Les soins de culture que réclament les cultures de plantes potagères consistent en sarclages, binages, arrosages, fumures, etc.,
comme il a été expliqué dans les trois premières leçons.
L'opération du *repiquage* exige quelques précautions spéciales.
Elle se pratique généralement lorsque les jeunes plantes portent
deux ou trois feuilles caractérisées; on les arrose avant de les
arracher, afin que les racines se dégagent bien de la terre qui
les entoure; quelquefois, on coupe avec la serpette l'extrémité
des racines pour qu'elles se ramifient mieux. On les repique
dans des trous faits au plantoir, en ramenant la terre autour
des plantes; on doit ensuite entretenir l'humidité du sol par
des arrosages fréquents.

Lorsque les légumes poussent librement en plein air, les
parties comestibles deviennent vertes et dures, tandis que l'on
recherche pour la consommation des pousses blanches et tendres.
Pour que les jeunes pousses restent dans cet état, on provoque
l'*étiolement*, en enrayant la formation de la chlorophylle. On
obtient ce résultat en les mettant à l'abri de la lumière; par ce

procédé, on peut même transformer un grand nombre de plantes
sauvages en produits alimentaires agréables. On arrache les
plantes déjà développées; on enlève les feuilles et les parties
altérées, on met les racines en bottes et on les place sur une
couche dans une cave obscure où la température est de 25 à
50 degrés; on arrose suffisamment pour entretenir dans les
racines l'humidité nécessaire à la végétation; au bout de quinze
à vingt jours, on peut récolter des pousses longues et régulières,
tendres et de couleur blanche, qui sont sorties du cœur de la
plante. Autant il importe que l'intérieur des bottes de racines
ne se dessèche pas, autant il importe aussi que l'humidité ne
soit pas en excès, car la pourriture, qui se propage rapidement,
en serait la conséquence.

Le *blanchiment* se pratique autrement que l'étiolement; mais
il a les mêmes résultats. Il se fait sur place sans transplantation.
Pour les plantes basses, on lie les feuilles en bottes, quelques
semaines avant la récolte; les feuilles qui se développent au
centre restent blanches. Pour les plantes qui atteignent une
hauteur de 40 à 50 centimètres, après avoir lié la touffe, on
forme autour une butte de terre qui empêche l'accès de la
lumière.

La *culture forcée* est celle par laquelle on cherche soit à
faire pousser des légumes en dehors de leur saison régulière,
soit à diminuer le temps nécessaire pour leur développement.
On obtient ainsi des *primeurs* dont la production est très avan-
tageuse, car elles sont recherchées par les consommateurs et elles
se vendent, à raison de leur rareté, à des prix plus élevés que
dans la saison ordinaire.

On applique deux méthodes dans la culture forcée : la culture sur couches sous châssis froids et la culture sous châssis
chauffés.

Dans la culture sur couches sous *châssis froids*, on prépare
les couches comme il a été dit plus haut, et au lieu de repiquer
les jeunes plantes en plein air, on les conserve sous les châssis
pendant toute la durée de leur végétation. S'il est nécessaire que
la chaleur soit supérieure à celle qui est fournie par la couche,
on peut entourer les parois du coffre de fumier frais. La chaleur
développée par ce fumier se communique, par l'intermédiaire

des parois du coffre, à l'intérieur du châssis. Les plantes sont complètement soustraites à l'influence des causes extérieures de refroidissement.

On remplace, dans certains cas, les châssis par des *cloches* (fig. 44). Ce sont des vases en forme de cloches à sonner, d'où leur vient ce nom. On place ces cloches sur le sol, de telle sorte qu'elles recouvrent les plantes; la chaleur reste concentrée à l'intérieur. En France, c'est dans la culture des melons que l'on se sert le plus généralement de cloches.

La culture sous *châssis chauffés* est celle dans laquelle on

Fig. 44. — Cloche sur une couche.

maintient une température régulière par des procédés de chauffage. Les appareils les plus usités sont des thermosiphons, dans lesquels la combustion détermine une circulation d'eau chaude ou d'air chaud dans des tuyaux plus ou moins longs. Le nombre et la dimension des tuyaux varient avec la forme du foyer. Pour chauffer les châssis avec un thermosiphon, on en place plusieurs côte à côte, qui sont chauffés par le même appareil; la figure 45 montre huit groupes de châssis dont chacun est chauffé par un thermosiphon placé à l'extrémité.

A l'intérieur des châssis, les tuyaux sont disposés le plus généralement le long des parois ou du sol (fig. 46). Parfois on fait circuler les tuyaux dans le sol même qui porte les plantes. Les

Fig. 45. — Châssis pour la culture forcée.

végétaux y sont cultivés, soit dans le sol, soit en pots ou en caisses.

Fig. 46. — Coupe de châssis chauffés.

Par la culture forcée, on diminue généralement du quart

ou du tiers le temps nécessaire au développement complet des plantes; on peut obtenir trois ou quatre récoltes successives dans une seule année.

Cette culture s'applique aux arbres fruitiers comme aux légumes. Quelques horticulteurs obtiennent ainsi en pots des arbres fruitiers nains qui peuvent fructifier abondamment.

Les *serres* sont des bâtiments plus ou moins vastes, dans lesquels on maintient par le chauffage une température constante. On les divise en serres tempérées et serres chaudes, suivant leur température normale.

13ᵉ ET 14ᵉ LEÇONS

DESCRIPTION DES PLANTES POTAGÈRES

Sommaire. — Variabilité dans les races de plantes potagères. — Plantes alimentaires par leurs feuilles ou leurs tiges. — Plantes alimentaires par leurs racines. — Plantes potagères dont on consomme les fruits et les graines. — Plantes alimentaires par leurs fleurs ou leurs enveloppes florales. — Plantes condimentaires.

Il ressort de la liste des plantes potagères donnée précédemment que ces plantes appartiennent à un grand nombre de genres et de familles botaniques. Dans une même espèce, la culture a multiplié les variétés, et elle a obtenu des formes souvent très différentes. C'est par la sélection et les soins de culture qu'on réalise et qu'on fixe ces variétés ou races ; mais celles-ci restent toujours renfermées dans les limites des caractères spéciaux à l'espèce; d'autre part, elles ne se maintiennent que par la culture. Lorsque les plantes sont abandonnées à la végétation spontanée ou à l'état sauvage, la plupart des formes acquises par les agriculteurs tendent à disparaître graduellement, les plantes reprennent l'aspect commun des individus de l'espèce à laquelle elles appartiennent. Si les variétés se maintiennent dans les cultures, c'est parce qu'elles sont en quelque sorte protégées, par l'intervention de l'homme, contre les forces naturelles qui tendent à les ramener au type primitif.

Dans l'examen que nous devons faire des principales plantes potagères, il est impossible d'entrer dans des détails sur toutes les variétés. Un exemple développé, celui du chou, suffira pour faire comprendre ces faits, dont les figures 47 à 50 donnent d'ailleurs des exemples saisissants.

PLANTES ALIMENTAIRES PAR LEURS FEUILLES OU LEURS TIGES. — *Chou.* — Toutes les variétés de choux appartiennent à une seule espèce botanique, le *Brassica oleracea*, de la famille des Crucifères. Cette espèce est originaire de l'Europe et probablement aussi de l'Asie occidentale. Le chou a été cultivé dès la plus haute antiquité; on a commencé probablement par récolter la plante sauvage avant de s'adonner à sa culture. Théophraste a signalé trois variétés de choux; Pline en a décrit six. Dans les temps modernes, ce nombre s'est considérablement accru : au commencement de notre siècle, Pyrame de Candolle en a décrit trente environ; on en compte aujourd'hui plus de soixante variétés, dont quelques-unes sont cultivées comme plantes ornementales.

La forme la plus rapprochée du type sauvage est la race de chou connue sous le nom de *colza* (fig. 47); on la cultive, non comme plante potagère, mais pour ses graines dont on extrait de l'huile (voy. le *Cours d'agriculture*).

Quant aux choux potagers, on les divise en un certain nombre de catégories, d'après le développement que la culture a donné aux divers organes de la plante : feuilles, tiges, inflorescence. Ces catégories sont les suivantes :

1º Choux *cabus* ou choux *pommés* (fig. 50), dans lesquels les feuilles, très larges, sont imbriquées les unes par-dessus les autres et se rejoignent de manière à former une tête ou pomme, qui enveloppe les jeunes feuilles et le bourgeon central de la plante;

2º Choux *verts*, dans lesquels le feuillage est très ample, mais dont les feuilles sont séparées les unes des autres, sans former de pomme;

3º *Choux-fleurs*, appelés aussi *brocolis*, dans lesquels les parties florales sont modifiées au point de former, au centre de la plante, une masse épaisse et charnue, au détriment des fleurs, dont la plupart avortent;

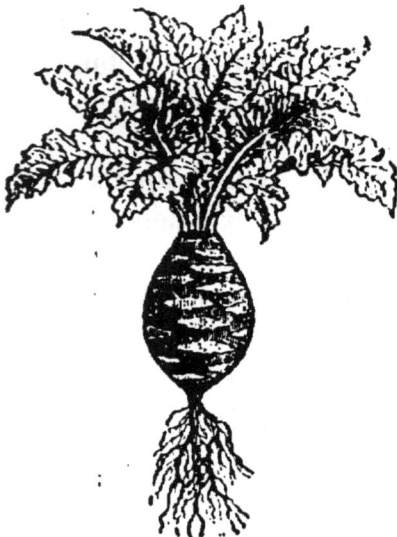

Fig. 47 à 50. — Modifications du *Brassica oleracea* dues à la culture : 47, colza;
48, chou de Bruxelles; — 49, chou-rave; — 50, chou pommé.

4° *Choux-raves* (fig. 49), dont la tige est devenue épaisse, charnue et pulpeuse, et constitue la partie utilisée de la plante ;

5° *Choux-navets* ou *rutabagas*, dont la racine principale est développée et grossie, au point de ressembler à un navet ;

6° *Choux à grosses côtes*, dont les feuilles portent des côtes épaisses, blanches et charnues ;

7° *Choux de Bruxelles* (fig. 48), caractérisés par des rejets sur la tige et aux aisselles des feuilles principales, rejets constitués par des groupes de petites feuilles imbriquées formant des pommes serrées ;

8° *Choux moelliers*, dont la tige, renflée à sa partie supérieure, est remplie d'une moelle ou chair tendre.

L'usage de ces variétés de choux n'est pas le même. Les feuilles de choux pommés sont mangées cuites et assaisonnées de diverses façons ; quelquefois on les fait fermenter, pour constituer ce qu'on appelle la choucroute. Dans les choux-fleurs on mange la pomme formée par les parties florales ; dans les choux de Bruxelles, les petites pommes qui naissent le long de la tige. La tige est comestible dans les choux-raves ; les côtes des feuilles, dans les choux à grosses côtes ; la racine, dans les choux navets. Quant à la plupart des choux verts et des choux moelliers, ils servent surtout à l'alimentation du bétail.

Dans ces grandes catégories il existe d'autres divisions que l'on ne doit pas ignorer. Passons rapidement en revue les principales.

Les choux pommés ou cabus se divisent en deux classes : les choux à feuilles lisses et ceux à feuilles frisées, qu'on appelle encore *choux de Milan*. Les principaux choux à feuilles lisses sont les choux cœur-de-bœuf, les choux d'York, les choux bacalans, le chou de Saint-Denis (très répandu aux environs de Paris), le chou quintal, le chou rouge, le chou marbré. Parmi les choux de Milan, il faut surtout signaler le chou de Milan hâtif, le chou de Milan dit de Pontoise, le chou de Norvège. Ces variétés sont plus ou moins hâtives, c'est-à-dire qu'elles se développent plus ou moins rapidement, et qu'elles arrivent à maturité à des époques différentes. Le mode de culture le plus généralement adopté pour les choux cabus à feuilles lisses est le suivant : on sème en pépinière au printemps, de mars en juin, suivant l'époque à laquelle on veut faire la récolte, en calculant qu'il faut en moyenne de 100 à 140 jours pour que les choux soient bons à cueillir. On repique en place, dans une terre bien fumée et bien ameublie; on arrose copieusement, tant dans les premiers jours, pour faire reprendre la plante, que pendant la végétation, pour subvenir à ses besoins. Les choux qu'on récolte à l'automne ne réclament pas de soins particuliers; quant à ceux qu'on réserve pour l'hiver, on les arrache, on enlève les feuilles qui commencent à pourrir, et on les remet en jauge en rangs serrés en les abritant avec des feuilles sèches recouvertes au besoin de terre; on les rentre aussi quelquefois dans une cave sèche. Quand on veut obtenir des choux de primeur, il faut, en France, les cultiver à une exposition chaude et abritée. — La culture des choux de Milan est à peu près la même que celle des choux à feuilles lisses.

Les variétés de choux verts cultivées comme légumes sont peu nombreuses. Les principales sont le chou frisé ordinaire, le chou frisé panaché et le chou palmier (ce dernier est peu répandu). On cultive généralement ces choux comme les choux pommés tardifs : on sème au printemps en pépinière, et on repique vers le mois de mai, pour mettre en place dans le courant de l'été. La production continue pendant l'automne et l'hiver : elle peut même durer durant toute l'année suivante, la plante ne montant à graine qu'au printemps de la seconde année qui suit le semis.

Il existe un assez grand nombre de variétés de choux-fleurs. Les deux plus importantes sont le chou-fleur de Paris et le chou-fleur Lenormand. Aux choux-fleurs se rattachent les brocolis, dont on cultive un grand nombre de variétés, d'une part en Italie et d'autre part en Angleterre. La culture de ces plantes est assez simple, mais on ne réussit pas toujours d'une façon certaine. Dans la culture maraîchère, en compte généralement trois saisons pour la culture des choux-fleurs. La pratique des jardiniers des environs de Paris est la suivante : dans la première série de culture, on pratique les semis à l'automne et la récolte se fait au printemps; dans la deuxième série, on sème pendant l'hiver pour récolter en été; enfin dans la troisième série, on sème au printemps, et on récolte à l'automne. On comprend, sans qu'il soit besoin d'insister, que, pour faire cette série de cultures, on doit avoir recours aux couches et aux châssis, afin d'éviter les effets de l'hiver sur la plante. Les jardiniers de Chambourcy, près Saint-Germain-en-Laye (Seine-et-Oise), ont acquis une grande renommée dans la culture des choux-fleurs. Pour obtenir de beaux produits, il faut posséder une habileté et un savoir-faire qui résultent d'une pratique intelligente, et qu'aucune explication ne peut donner; c'est une question de tour de main qu'on n'acquiert que par l'expérience.

Dans les choux-raves, la tige se renfle au-dessus du sol, et elle prend la forme d'une boule, dont la grosseur varie suivant les variétés; dans quelques-unes, elle dépasse à peine le volume d'une grosse pomme, tandis que, dans d'autres, elle est presque aussi grosse qu'une tête humaine. Les petites variétés sont cultivées comme légumes, les plus grosses servent à l'alimentation du bétail. Cette plante est bien moins répandue en France qu'en Allemagne et en Angleterre. Dans la culture potagère, on sème pendant le printemps ou au commencement de l'été; quelques variétés précoces se sèment même en juillet. On repique en écartant les plants de 35 à 40 centimètres. La récolte peut se faire environ deux mois après le repiquage. Les principales variétés sont le chou-rave blanc et le chou-rave violet; elles diffèrent principalement par la couleur de la boule.

Le chou-navet, qu'on appelle aussi rutabaga, possède, comme nous l'avons dit plus haut, une racine comestible qu'on mange cuite; certaines variétés, de dimensions plus fortes, servent à l'alimentation du bétail. On cultive surtout le chou-navet blanc et le chou-navet à chair jaune. On sème en mai ou en juin; lorsque le plant est un peu fort, on éclaircit pour que les sujets se développent sans peine, et pendant la végétation on donne les sarclages et les arrosages nécessaires. Cette plante vient bien surtout dans les terres franches; un climat humide lui convient spécialement.

La culture des choux à grosses côtes ne présente aucune particularité spéciale. Nous n'avons pas à insister non plus sur celle des choux moelliers, qui sont surtout des choux fourragers.

Quant au chou de Bruxelles, c'est une variété très répandue, cultivée exclusivement comme légume. On trouve ici un des exemples les plus frappants des transformations que la culture peut obtenir dans une espèce végétale. Tandis que toutes les autres variétés de choux sont remarquables surtout par le développement des feuilles qui entourent le bourgeon central, par celui de la tige ou de la racine, les feuilles du chou de Bruxelles ne présentent qu'un intérêt secondaire. Des rejets, qui poussent serrés sur la tige, en constituent toute la partie utile. Le chou de Bruxelles pousse lentement; pour faire la récolte en automne et pendant l'hiver, il faut semer de bonne heure et mettre les plants définitivement en place aux mois de mai et de juin. La récolte commence en octobre. Le terrain qui convient le mieux est un sol bien fumé, mais sans excès; une trop forte fumure empêche le développement des pommes, en favorisant la végétation foliacé.

Chicorée. — La chicorée est une plante de la famille des Composées. On en utilise, dans la culture potagère, deux espèces : la chicorée sauvage (*Cichorium intybus* L.) et la chicorée endive (*C. endivia* L.).

La chicorée endive est l'espèce la plus répandue. Il en existe deux variétés principales, lesquelles se subdivisent à leur tour en races assez nombreuses. Ce sont la *chicorée frisée*, caractérisée par les découpures multiples de ses feuilles, et la *chicorée scarole*, ou simplement la *scarole*, à feuilles larges dont les bords sont sinueux, mais faiblement découpés. Ces deux variétés se consomment en salades, ou bien cuites et assaisonnées de diverses façons. Semées sur couches et repiquées, ces plantes atteignent leur développement en deux mois environ; en faisant des semis successifs, on peut prolonger la récolte depuis le commencement de l'été jusqu'à l'hiver. Une quinzaine de jours avant la récolte, on relève les feuilles et on les lie en faisceau avec des brins de paille, afin de provoquer l'étiolement des feuilles intérieures.

La chicorée sauvage est utilisée comme salade; on consomme les feuilles vertes, ou plus généralement on provoque le développement de pousses étiolées, appelées vulgairement barbe de capucin. Dans le premier cas, on sème en avril ou mai, et on récolte vers la fin de l'été. Dans le deuxième cas, on arrache les plantes à l'automne, on enlève les feuilles vertes, et on met les racines en bottes, dans une cave un peu chaude, où se développent de jeunes pousses blanches. On force aussi la chicorée sauvage, en la cultivant sur couche en cave.

Laitue. — La laitue cultivée est une modification d'une espèce sauvage, de la famille des Composées, tribu des Chicoracées, la *Lestuca scariola* L. Les variétés de laitue se répartissent dans deux grands groupes : les *laitues pommées* ou *laitues gottes*, et les *laitues romaines* ou simplement romaines. Les premières ont la tête ronde, aplatie au sommet, formée par la réunion de feuilles embrassantes, comme dans les choux pommés; les secondes ont, au contraire, la tête haute et allongée, formée par des feuilles érigées presque parallèles. Dans chaque groupe, on compte un assez grand nombre de races.

La laitue est une plante annuelle; les feuilles sont radicales et disposées en rosette; au milieu de cette rosette émerge la tige florale. On dit alors que la laitue monte: on doit la couper avant l'apparition de cette tige, quand on la cultive pour la consommation.

Sous le rapport de la culture, on distingue les laitues d'hiver, les laitues de printemps et les laitues d'été. Les laitues d'hiver sont semées d'août en septembre, en bonne exposition : pendant l'hiver, on doit les abriter par des paillassons; elles sont bonnes à récolter d'avril en mai. Les laitues de printemps, semées en mars sur couches, repiquées en avril, se récoltent de mai en juin. Quant aux laitues d'été, on peut les semer pendant tout le printemps, pour obtenir des récoltes successives pendant l'été jusqu'à l'automne. La végétation de ces plantes est rapide; on peut les arracher généralement deux mois et demi après le semis. — Toutes les variétés de laitue se consomment cuites ou en salade.

Céleri. — Le céleri (*Apium graveolens* L.) est une plante de la famille des Ombellifères, indigène dans toute l'Europe. Les variétés obtenues par la culture forment deux catégories : le *céleri à côtes*, dont on mange les côtes des feuilles, et le céleri-rave, dont on mange la racine charnue. Ce sont deux sortes de plantes très-distinctes.

Le céleri est une plante bisannuelle. Les feuilles sont portées par des pétioles longs et larges, garnis de sillons; elles sont radicales et s'élèvent de 40 à 50 centimètres au-dessus du sol.

La tige ne se développe que la deuxième année. Dans la culture
du céleri à côtes, on fait blanchir les côtes des feuilles, en les
liant en faisceau et en buttant la plante jusqu'à la partie supérieure des feuilles. On sème sur couche à la fin de l'hiver, puis
on repique en place pour obtenir les premiers céleris; les semis
plus tardifs peuvent se faire sur place. Les céleris-raves sont
semés sur couche en mars, repiqués un mois plus tard et récoltés de septembre en octobre.

Cardon. — Le cardon (*Cynara cardunculus* L.) est une
plante de la famille des Composées, appartenant au même genre
que l'artichaut, sinon dérivant du même type sauvage, comme
l'admettent certains botanistes. C'est une plante vivace, d'assez
grande taille, qu'on cultive comme plante annuelle. Le nombre
des variétés est de six à huit. Le cardon constitue un excellent
légume d'hiver; on consomme surtout les pétioles allongés et
charnues des feuilles radicales qu'on fait blanchir par l'étiolement.

Pour obtenir des cardons précoces, on sème les graines au
mois de mai; pour en avoir à l'arrière-saison, on fait les semis
en juin ou en juillet. La plante ne prenant un grand développement qu'au mois de septembre, on peut utiliser l'espace entre
les rangs en y intercalant une autre culture plus rapide. Avant la
récolte, on fait blanchir les pétioles ou côtes en liant toutes les
feuilles ensemble, et en les entourant de paille sèche et longue
dont on forme un faisceau, autour duquel on ramène la terre en
butte. Après trois semaines, on peut récolter; l'opération, si
elle durait plus longtemps, pourrait provoquer la pourriture des
feuilles. On a recommandé, pour obtenir des récoltes pendant
tout l'hiver, de semer tardivement, de laisser la plante en terre
jusqu'aux gelées, puis de transplanter dans une cave saine et
obscure, où la végétation peut continuer; on y récolte les côtes
à mesure qu'elles se développent.

Poireau. — Le poireau ou porreau est une plante du genre
ail, famille des Liliacées. Les botanistes ne sont pas d'accord
sur son origine : pour les uns, c'est une espèce distincte, l'*Allium porrum* L.; pour les autres, c'est une variété de l'*Allium
ampeloprasum* L., obtenue par la culture.

Le poireau est une plante bisannuelle; la tige n'apparaît

qu'à la deuxième année, au centre des feuilles engainantes et imbriquées sur la moitié de leur longueur, se terminant en lanières allongées. On le cultive pour ses feuilles, dont on consomme la partie inférieure. Le nombre des variétés est peu considérable : ces variétés diffèrent généralement par les dimensions des feuilles.

Le temps nécessaire pour que les poireaux soient à point pour la récolte, est de six à sept mois. On peut donc échelonner les semis depuis le mois de février jusqu'à la fin du printemps pour avoir des produits même à l'arrière-saison. On sème sur couches et on repique en place, en enterrant assez profondément, ou bien on recharge les plantes de terre pour que les feuilles blanchissent sur une plus grande longueur.

Oseille. — L'oseille (*Rumex acetosa* L.) est une plante indigène, vivace, de la famille des Polygonées. On la multiplie par éclats des racines ou par semis. On la cultive pour ses feuilles acides, qu'on mange cuites. On cueille les feuilles partiellement, lorsqu'elles sont développées. Une plante peut donner des récoltes pendant trois ou quatre ans.

Épinard. — L'épinard (*Spinacia oleracea* L.) est une plante de la famille des Chénopodées, originaire de l'Asie. On en a obtenu huit à dix variétés, qu'on cultive pour leurs feuilles qu'on mange cuites. Sa végétation est rapide; pour avoir des récoltes successives pendant toute l'année, on peut, à partir de la fin de l'hiver, renouveler les semis de quinzaine en quinzaine.

Rhubarbe. — La rhubarbe (*Rheum hybridum* L.) est une plante vivace de la famille des Polygonées, originaire de l'Asie septentrionale. On la cultive pour les longs et forts pétioles de ses feuilles radicales. Elle est peu connue en France, mais elle est très répandue en Angleterre, où les pétioles servent à la préparation de confitures et de tartes. On en a obtenu plusieurs variétés, qui diffèrent surtout par leur taille.

On multiplie la rhubarbe par graines ou par éclats des racines. La culture en est d'ailleurs facile. La récolte se prolonge assez tard à l'automne.

Mâche. — La mâche (*Valerianella olitoria* L.) est une plante indigène de la famille des Valérianées. Avant la formation de la tige, la plante forme une rosette de feuilles tendres et comestibles; ces feuilles constituent une excellente salade d'hiver. Il en existe plusieurs variétés qui diffèrent par les dimensions des feuilles.

La mâche se sème à la fin de l'été; on peut commencer à récolter dès l'automne, et on continue jusqu'au printemps, époque à laquelle la tige se développe. La plante n'a pas besoin d'abri, sauf dans les hivers exceptionnels.

On cultive aussi la mâche d'Italie, laquelle diffère de la mâche commune par la teinte et la taille de ses feuilles qui sont plus allongées.

Cresson. — Le cresson de fontaine (*Sisymbrium nasturtium* L.) est une plante aquatique, vivace, de la famille des Crucifères. On peut la cultiver avec profit dans les eaux courantes, pures et fraîches, où la récolte peut se faire pendant la plus grande partie de l'année. Le cresson est employé en salade ou en assaisonnement.

Raiponce. — La raiponce (*Campanula rapunculus* L.) est une plante bisannuelle, de la famille des Campanulacées. On la cultive pour ses feuilles et pour sa racine renflée, fusiforme. — Les semis se font de mai en juin; la récolte peut commencer en septembre, et se prolonger pendant une partie de l'hiver.

Ficoïde. — La ficoïde glaciale (*Mesambrianthemum crystallinum*, L.) est une plante de la famille des Mésambrianthémées, originaire du bassin de la Méditerranée, cultivée souvent comme plante d'ornement, et dont l'emploi comme plante potagère commence à se répandre. On en mange les feuilles hachées et cuites.

C'est une plante vivace, qu'on cultive comme plante annuelle. On sème au printemps sur couche, et quand les plantes ont atteint 6 à 7 centimètres, on les repique en planches, en les espaçant de 50 centimètres, car elles tallent beaucoup. On commence la récolte quand les tiges ont atteint une longueur de 30 centimètres.

Asperge. — L'asperge (*Asparagus officinalis* L.) est une plante indigène vivace, de la famille des Liliacées. Elle est cultivée depuis longtemps pour les jeunes pousses ou *turions*, qui s'élèvent au printemps sur les racines fasciculées et renflées constituant ce qu'on appelle les *griffes* d'asperge. C'est un légume très apprécié, dont la culture est très répandue.

Le nombre des variétés d'asperge est assez grand. Toutefois, cinq ou six seulement sont cultivées couramment; parmi celles-ci, l'asperge dite d'Argenteuil occupe le premier rang.

Les plantations d'asperges peuvent être faites dans tous les sols, à l'exception de ceux qui sont humides ou imperméables. Elles durent au moins dix ans, mais elles ne commencent à donner des produits qu'à partir de la quatrième année. La multiplication se fait par griffes. Avant de les planter, on défonce le sol à une profondeur de 40 ou 50 centimètres, on donne une fumure abondante, et au besoin on pratique un drainage pour faciliter l'écoulement des eaux. La plantation des griffes se fait en les espaçant de 80 centimètres en tous sens; on les met en lignes. Pendant les deux premières années, les soins de culture consistent en binages et en arrosages. La troisième année, on procède au buttage, en ramenant au-dessus de chaque griffe, qui a été plantée à une profondeur de 5 à 6 centimètres, une butte de terre prise dans l'intervalle des lignes, et haute de 30 à 40 centimètres. Pour récolter les asperges, on dégage les pousses qui émergent de 4 à 5 centimètres au-dessus du sol, de la terre qui les entoure, avec un couteau formant une petite fourche, et on les détache de la souche; la récolte se fait depuis le mois d'avril jusqu'au mois de juin. Après la cueillette, on nettoie les asperges et on les met en bottes pour la vente.

Champignon. — Quoique le champignon de couche ne soit pas une plante potagère proprement dite, la culture en est assez importante pour être signalée. Le champignon de couche, ou Agaric champêtre (*Agaricus campestris* L.) est un champignon à chapeau convexe, charnu, de couleur roussâtre ou brune, dont la largeur peut atteindre 6 à 7 centimètres. Le dessus est légèrement écailleux; le dessous est constitué par des feuillets roses, dont la couleur s'accentue avec l'âge; le pédicule est garni d'un anneau blanc.

L'agaric se cultive sur couche, en plein air ou dans les caves. En plein air, on forme la couche en creusant en bonne exposition, au midi ou au levant, une fosse profonde de 10 centimètres, large de 70 à 75 centimètres, aussi longue qu'on le veut.

On la remplit par un mélange de terre de jardin et de fumier de cheval assez décomposé pour que la fermentation s'y maintienne lente et régulière ; c'est ce qu'on appelle dresser la couche ou la meule. On garnit cette meule de blanc de champignon, provenant soit d'anciennes couches, soit de tas de fumier où il s'est développé spontanément. On introduit le blanc, découpé en lanières longues de 15 centimètres, sous la partie superficielle de la meule, de telle sorte qu'il soit recouvert de fumier. Lorsque le blanc s'est développé dans la meule, on recouvre celle-ci d'une couche de terre humide, un peu salpêtrée, épaisse de 2 centimètres, et on arrose de temps en temps pour maintenir l'humidité. Une quinzaine de jours après cette dernière opération, les champignons commencent à se montrer sur la meule ; on peut les récolter tous les trois ou quatre jours. La production d'une meule se maintient pendant deux ou trois mois. — On peut établir des meules dans des baquets, sur des planches fixées à des murs, etc.

LÉGUMES ALIMENTAIRES PAR LEURS RACINES. — *Betterave.* — La betterave (*Beta vulgaris*, var. *rapa* L.) est une plante bisannuelle de la famille des Chénopodées. Elle est originaire de l'Europe méridionale ; elle est cultivée pour ses racines renflées et charnues. On en a obtenu un très grand nombre de variétés, que l'on répartit en trois catégories : betteraves potagères, servant à l'alimentation humaine ; betteraves fourragères, alimentaires pour le bétail ; betteraves à sucre, cultivées pour le sucre qu'on extrait de leurs racines. Il n'est question ici que des betteraves potagères.

Parmi les betteraves potagères, on distingue un certain nombre de races : chez les unes, la chair des racines est rouge ; chez les autres, elle est jaune. Les betteraves à chair rouge sont les plus estimées, surtout la variété dite crapaudine, la variété dite rouge grosse, et la betterave de Gardanne.

On multiplie les betteraves par graines qu'on sème au printemps sur des planches labourées profondément et fumées à l'automne. On sème sur place en lignes, et après la levée, on éclaircit le plant. Les soins de culture consistent en binages et en arrosages. Suivant la date du semis, qui varie de mars en mai, on peut récolter depuis le mois d'août jusqu'en octobre.

On peut conserver les racines pendant une partie de l'hiver, en cave, dans du sable sec. — On consomme les betteraves cuites ou confites dans du vinaigre.

Carotte. — La carotte (*Daucus carota* L.) est une plante bisannuelle de la famille des Ombellifères. Elle est indigène en Europe, où elle est cultivée partout pour ses racines charnues, sucrées, qu'on consomme sous des formes très différentes. On en connaît une vingtaine de variétés qui diffèrent par le volume des racines et par la coloration de leur chair, qui est rouge ou blanche. Les unes sont potagères, et les autres fourragères. La plupart des variétés potagères sont à chair rouge; la plus répandue est la carotte demi-longue, dont la racine atteint une longueur de 12 à 15 centimètres.

Les carottes se multiplient par graines qu'on sème en lignes sur terre bien labourée et copieusement fumée à l'automne précédent. Après la levée, on éclaircit le plant. Quant aux soins de culture, ils consistent en binages et en arrosages. On peut obtenir plusieurs récoltes successives, en commençant les semis dès le mois de février sur couche, et en les prolongeant jusqu'en juillet pour les variétés les plus hâtives. Comme il faut de quatre à cinq mois pour que la racine ait atteint sa grosseur complète, on peut récolter en octobre les plantes provenant des semis de juin. Lorsque les gelées arrivent, c'est-à-dire en novembre, on enlève les carottes pour les conserver en cave. En semant tardivement, et en abritant les plantes pendant l'hiver sous un paillis, on peut faire la récolte au printemps suivant.

Navet. — Le navet (*Brassica napus* L.) est une plante bisannuelle de la famille des Crucifères; elle appartient au même genre que le chou. Le navet paraît originaire d'Europe; on le cultive de temps immémorial pour sa racine charnue, de forme et de couleur variables, à chair plus ou moins sucrée. Le nombre des variétés est d'une trentaine : la plupart sont des plantes potagères, quelques-unes servent indifféremment à l'alimentation humaine ou à celle du bétail. Ces variétés se distinguent par la forme des racines, qui sont coniques, sphériques ou aplaties, par la teinte variable de leur épiderme, et enfin par la couleur blanche ou jaune de la chair. Parmi les variétés les plus répandues, figurent le navet plat hâtif, le navet des Vertus et le navet de Freneuse. Ces variétés sont plus ou moins précoces, c'est-à-dire se développent plus ou moins vite. Il faut généralement de deux à trois mois, suivant la variété et la saison, pour que la racine ait atteint sa grosseur normale.

Dans la culture ordinaire, on sème les graines de navet en été pour prendre la récolte en automne. On sème sur place à la volée ou en lignes; on arrose assez fréquemment; pendant les jours un peu chauds, on abrite légèrement les jeunes plants. On peut semer les navets au printemps, en choisissant les variétés pour obtenir une succession de récoltes pendant l'été.

Rave. — La rave (*Brassica rapa* L.) est très voisine du navet. Pour quelques botanistes, les deux plantes sont dérivées de la même espèce; les raves seraient des navets, et réciproquement. Les variétés potagères de raves sont généralement de plus petite taille que les variétés de navets. — Les méthodes de culture pour les raves sont les mêmes que pour les navets.

Radis. — Le radis (*Raphanus sativus* L.) est une plante annuelle de la famille des Crucifères, qui paraît originaire de l'Asie occidentale. On la cultive depuis l'antiquité pour sa racine, ou plutôt pour la base renflée de la tige qui se confond avec la racine pivotante; on mange crue cette racine dont la saveur est piquante.

Les variétés de radis sont très nombreuses; on les divise en deux grands groupes d'après la couleur de la peau, qui est rose chez les *radis roses* et noire chez les *radis noirs;* la couleur de la chair est toujours blanche. Chez les radis noirs, la racine est presque toujours cylindro-conique; chez les radis roses, sa forme est tantôt globuleuse et tantôt allongée. Quelques-unes des variétés de radis roses ont reçu le nom de rave.

La végétation des radis est rapide; pour la plupart des variétés, la croissance est complète au bout d'un mois; si on laisse les plantes plus longtemps en terre, les racines deviennent creuses. Il y a exception pour les radis dits d'hiver, dont la végétation dure environ trois mois; on les sème en été pour les récolter en automne.

La variété la plus répandue est le *petit radis rose.* On sème généralement à la volée sur planches, en pleine terre depuis le mois de février jusqu'en octobre, sur couches et sous châssis pendant l'hiver. En répétant les semis de quinzaine en quinzaine, on peut avoir des radis tendres pendant toute l'année. Les semis sur terreau permettent d'avoir des récoltes plus précoces.

Panais. — Le panais (*Pastinaca sativa* L.) est une plante bisannuelle, de la famille des Ombellifères. Cette plante, indigène en France, est cultivée pour sa racine pivotante, renflée et charnue, qu'on mange après cuisson. Les variétés de panais sont peu nombreuses; les principales sont : le panais long, à racine conique allongée, et le panais rond, à racine arrondie.

La culture du panais est pratiquée d'après les mêmes méthodes que celle de la carotte.

Salsifis. — Le salsifis (*Tragopogon porrifolium* L.) est une plante bisannuelle, de la famille des Composées, dont la tige se forme la seconde année de la végétation. On cultive ces plantes pour leurs racines pivotantes et charnues, dont la longueur atteint 15 à 20 centimètres, à chair assez délicate; on les mange cuites. Les jeunes feuilles de salsifis sont aussi consommées en salade.

Pour que les racines se développent vigoureusement, il importe que le sol soit préalablement défoncé. On sème au printemps, en lignes; des binages et des arrosages sont les principaux soins de culture. On peut commencer la récolte au mois d'octobre et la prolonger pendant une partie de l'hiver.

Scorsonère. — La scorsonère (*Scorzonera hispanica* L.), vulgairement salsifis d'Espagne ou salsifis noir, est une plante vivace de la famille des Composées. Elle est indigène dans une partie de l'Europe méridionale. On la cultive pour sa racine pivotante et charnue, analogue à celle du salsifis, mais en différant par la couleur noire de sa peau.

On cultive la scorsonère comme le salsifis.

Bardane. — La bardane (*Lappa edulis*) est une plante de la famille des Composées, indigène en Europe et en Asie, bisannuelle. Ses racines, presque cylindriques, sont pivotantes. Par la culture, on en a obtenu au Japon une variété dont les racines possèdent une chair tendre et assez succulente après la cuisson, quand elles sont récoltées jeunes.

Des essais de culture de cette variété en France ont donné de bons résultats. Si l'on sème les graines en mai ou en juin, les racines sont bonnes à récolter au bout de trois mois.

Cerfeuil bulbeux. — Le cerfeuil bulbeux on tubéreux (*Chœrophyllum bulbosum* L.) est une plante bisannuelle, de la famille des Ombellifères, originaire de l'Europe méridionale. Elle est cultivée pour sa racine renflée en forme de toupie, à chair ferme et farineuse, dont le goût est sucré et aromatique.

La culture en est assez simple. On sème en février, sur un sol fumé en automne avec un fumier bien décomposé, les graines qu'on a fait stratifier pendant l'hiver dans du sable humide. On espace les graines à la main à 15 centimètres en tous sens, et on les recouvre légèrement de terre. Des sarclages et des arrosages sont les seuls soins de culture à donner. On arrache les tubercules lorsque les fanes jaunissent, ce qui arrive d'août en septembre, et on les conserve pendant quelques semaines dans un local sec et sain, avant de les livrer à la consommation.

Le cerfeuil de Prescott, originaire de la Russie orientale, possède aussi des racines renflées et succulentes. On le cultive, mais plus rarement, comme le cerfeuil bulbeux.

Pomme de terre. — La pomme de terre (*Solanum tuberosum* L.) est une plante de la famille des Solanées, originaire de l'Amérique méridionale, importée en Europe vers le seizième siècle et dont la culture y a pris une très grande importance. La pomme de terre est une plante annuelle par ses tiges, vivace par ses tubercules, qui sont des rameaux souterrains renflés. On la cultive pour ces tubercules, riches en fécule, se conservant facilement pendant plusieurs mois après l'arrachage, et que l'on utilise dans l'alimentation sous des formes très diverses.

Les variétés de pommes de terre sont très nombreuses; on en a décrit plusieurs centaines. On les distingue le plus souvent d'après leur forme ronde ou allongée et d'après leur couleur (voy. le *Cours d'Agriculture*). On peut les distinguer aussi en variétés hâtives et en variétés tardives, suivant la rapidité avec laquelle les tubercules arrivent à maturité. Il n'existe pas de variété potagère proprement dite; néanmoins la pomme de terre *Marjolin* est celle qui est le plus souvent adoptée dans les jardins, surtout pour la culture forcée.

La culture ordinaire des pommes de terre dans les jardins ne diffère pas de celle pratiquée dans les champs. On multiplie par plantation des tubercules en lignes et en poquets, en mars ou en avril; on procède au buttage lorsque les tiges ont atteint environ 20 centimètres; les autres soins de culture consistent en sarclages. La maturité, manifestée par le dessèchement des fanes, arrive, suivant les variétés, depuis le mois de juin jusqu'en octobre. Par la culture forcée sur couche et sous châssis, la végétation des variétés précoces arrive en soixante-six à quatre-vingt-dix jours; en plantant au mois de décembre, on peut avoir des pommes de terre de primeur dès le mois de mars et d'avril.

PLANTES A GRAINES ALIMENTAIRES. — La plupart des plantes potagères cultivées pour leurs graines appartiennent à la famille des Légumineuses. Les principales sont : le haricot, la fève, le pois, le soja.

Haricot. — Le haricot (*Phaseolus vulgaris* L.) est une plante annuelle qui paraît originaire de l'Amérique méridionale. Sa végétation est très rapide, elle s'accomplit en trois ou quatre mois. On cultive le haricot pour ses graines. On en compte plus de cent variétés plus ou moins répandues, dont la plupart sont surtout des variétés propres à la production agricole. Dans les jardins, on en cultive un nombre relativement restreint de variétés. Suivant qu'on cueille le fruit, qui est une gousse, pour le manger entier avant son complet développement, ou que l'on attend la maturité des graines pour ne manger que celles-ci, on a des *haricots verts* ou des *haricots à grains*. Dans le premier cas, on cultive surtout le haricot flageolet noir et le haricot dit de Bagnolet; dans le deuxième cas, on donne la préférence aux haricots flageolets verts et aux haricots flageolets blancs; ce sont les variétés qui se recommandent le plus par la qualité de leur grain, lequel reste tendre, même après la maturité complète. Les variétés de haricots se distinguent encore, suivant leurs dimensions, en haricots à rames, poussant de longues tiges volubiles que l'on fait grimper sur des rames ou perches enfoncées dans le sol, et haricots nains, dont les tiges restent petites et ne dépassent pas une hauteur de 40 à 50 centimètres.

Pour obtenir des haricots verts pendant toute l'année, on peut procéder aux premiers semis sur couches et sous châssis, et les prolonger dans les mêmes conditions jusqu'au mois de mars; on fait les semis en pleine terre depuis le mois d'avril jusqu'au mois d'août. Sur couches on obtient des gousses bonnes à cueillir soixante à soixante-dix jours après le semis; en pleine terre, l'évolution des gousses exige quelques semaines de plus. Les soins de culture consistent en binages et arrosages, quelquefois en buttage avant la floraison.

Si l'on veut obtenir des haricots en grains, on laisse les gousses achever leur maturité; on reconnaît celle-ci à la teinte jaunâtre qu'elles prennent. Il est bon de cueillir les gousses avant qu'elles s'entr'ouvrent; les grains restent plus tendres. — On peut prendre sur une même plante une récolte de haricots verts et une récolte de haricots en grains, en laissant mûrir une partie des gousses.

Fève. — La fève (*Vicia faba* L.) est une plante annuelle qui paraît originaire du bassin de la Méditerranée. On la cultive depuis les temps anciens, pour ses graines féculentes, allongées, assez épaisses, aplaties dans quelques variétés; on les mange à l'état vert ou sèches. La fève atteint une hauteur de 50 à 80 centimètres, et produit presque toujours abondamment. On en connaît une quinzaine de variétés, lesquelles diffèrent surtout par les dimensions du grain.

La culture de la fève se pratique comme celle du haricot; mais cette plante est plus rarement soumise à la culture forcée.

Pois. — Le pois (*Pisum sativum* L.) est une plante annuelle qui paraît originaire de l'Europe et de l'Asie. C'est une plante à tige grêle volubile, qu'on doit soutenir par des rames. On la cultive pour ses graines qu'on fait cuire à l'état frais ou à l'état sec, quelquefois pour ses gousses qu'on mange entières avant leur maturité.

Le nombre des variétés de pois est très considérable; on en compte près de cent cinquante propres à la culture potagère, sans compter les pois gris qui sont des plantes fourragères. On distingue ces variétés par leur taille, suivant qu'elles sont à rames ou naines; par la forme du grain, qui est rond ou ridé; par sa couleur, qui est verte ou blanche; par l'usage, suivant qu'on mange les grains seuls ou la gousse tout entière. Ces dernières variétés sont dites pois mange-tout. Le pois de Clamart, le pois Michaux, le pois nain hâtif, sont les variétés cultivées le plus communément; dans la culture forcée sous châssis, on n'emploie que les variétés naines.

Les semis de pois se pratiquent depuis le mois de décembre jusqu'à la fin du printemps; ils se font en lignes, et on choisit, pour les semis d'hiver, les parties du jardin abritées et bien exposées. Les soins de culture se bornent à biner et à garnir de rames les variétés de grande taille. Les arrosages sont rarement nécessaires. Si l'on cueille peu de temps après la formation de la gousse, on obtient des *pois verts* ou des *petits pois*; si l'on attend la maturité, on obtient des *pois secs*. — Le pois se prête bien à la culture forcée sous châssis.

Soja. — Le soja (*Soja hispida*) est une plante annuelle, originaire de Chine, introduite récemment dans les cultures européennes. On en a propagé deux ou trois variétés naines, notamment le soja d'Étampes, qu'on cultive pour leur grain alimentaire, de couleur jaune ou brune, de grosseur variable, dépassant rarement celle du pois.

On cultive le soja comme le haricot.

PLANTES A FRUITS ALIMENTAIRES. — *Melon.* — Le melon (*Cucumis melo* L.) est une plante annuelle de la famille des Cucurbitacées, qui paraît indigène dans l'Asie centrale et en Afrique. Ses tiges sarmenteuses traînent sur le sol. On le cultive pour son fruit volumineux, à chair aqueuse, sucrée et parfumée, dont la couleur est tantôt orangée, tantôt verte, tantôt blanche.

On compte plus de soixante variétés de melons, qui diffèrent par le volume et la forme du fruit, ainsi que par sa couleur et celle de sa chair. On peut les répartir en deux catégories : *melons cantaloups*, à fruit arrondi plus ou moins gros, couvert de côtes larges et saillantes, séparées par des sillons étroits; à chair rouge ou rosée, fondante et sucrée; — *melons brodés*, à fruit globuleux ou allongé, généralement sans côtes ou à côtes très atténuées, souvent couvert de dessins qui ressemblent à de la broderie, à chair rouge, blanche ou verdâtre, fondante et plus ou moins sucrée. La grosseur des fruits varie, suivant les variétés, du simple au quadruple.

Le melon, étant originaire de contrées chaudes, exige une assez grande somme de chaleur pour arriver à maturité. Dans le midi, on le cultive sur planches et en plein air, et on ne lui donne

de soins spéciaux que lorsqu'on veut obtenir des primeurs; dans
le centre de la France, on cultive encore le melon sur les carrés,
mais, pour que le fruit mûrisse, on doit le placer sous cloche;
enfin dans la région septentrionale, on cultive le melon sur
couches et avec abris. Dans tous les cas, il lui faut une terre
fertile ou abondamment fumée. Même dans la culture en pleine
terre, on élève généralement les plants sur couche; on les repique au bout d'un mois. On doit tailler les rameaux qui ne
fleurissent pas. Il faut quatre à cinq mois pour que les fruits
soient mûrs.

On pratique la culture forcée du melon à partir du mois de
janvier; dans ce mode de culture, on a l'habitude de ne laisser
qu'un fruit par pied.

Concombre. — Le concombre (*Cucumis sativus* L.) est une
plante annuelle, de la famille des Cucurbitacées, originaire des
régions chaudes de l'Asie. Il appartient au même genre que le
melon; ses tiges sont rampantes; ses fleurs, rudes au toucher,
sont découpées en lobes. On cultive le concombre pour ses fruits
allongés, irrégulièrement cylindriques, à chair assez abondante,
que l'on mange crus, cuits ou confits dans le vinaigre.

On connaît une vingtaine de variétés de concombre; elles
diffèrent surtout par le volume des fruits, lesquels sont à peau
lisse ou garnie de protubérances plus ou moins saillantes. Les
cornichons sont les fruits des concombres, récoltés quand ils
sont encore jeunes et confits dans du vinaigre.

La culture du concombre est analogue à celle du melon; on
peut la pratiquer plus facilement en plein air, parce que la quantité de chaleur nécessaire à cette plante est moindre; néanmoins
le froid et l'humidité lui sont très nuisibles. On taille la tige
principale au-dessus des deux premières feuilles pour en provoquer la ramification, et on pince les rameaux pour multiplier la
floraison. — Le concombre se prête, comme le melon, à la culture forcée.

Courge. — Le genre courge (*Cucurbita* L.) appartient à la
famille des Cucurbitacées. Il renferme des plantes à tiges
flexueuses et rampantes, portant des fruits plus ou moins volumineux; dans la culture potagère, on en trouve un très grand nombre de formes. Les recherches de M. Naudin ont permis de ra-

mener ces formes à trois types spécifiques : le *C. maxima*, le *C. pepo* et le *C. moschata*.

Au premier type appartiennent : les *potirons*, à fruits énormes, affectant la forme d'une sphère déprimée, garnie de côtes plus ou moins saillantes, à chair jaune plus ou moins sucrée; les *giraumons*, dont les fruits, présentant la forme d'une sphère déprimée, garnie d'une sorte de calotte, sont beaucoup plus petits que les potirons. — Au deuxième type se rapportent : les *courges* proprement dites, à fruits très allongés, plus ou moins lisses ou garnis de côtes; les *patissons*, à fruits très déprimés, dont le contour présente des dents obtuses divergentes; les *courges à bouteille* ou *gourdes*, dont le fruit renflé se termine par un col analogue à celui d'une bouteille. — Au troisième type appartiennent les *courges de Naples* et autres variétés à fruits allongés, rétrécis vers leur partie centrale, dont la chair est diversement colorée.

Une assez grande chaleur est nécessaire au développement des courges. On sème les graines au mois de mars sur couche ou au mois de mai en pleine terre; avant le semis ou le repiquage, on ouvre dans le sol un trou qu'on remplit de fumier et qu'on recouvre de terre; c'est au-dessus de ce trou qu'on sème ou qu'on repique. Pendant l'été, on donne des binages et des arrosages. Pour multiplier les fleurs, on taille la tige et on rogne les rameaux. On récolte les fruits avant les premières gelées, même s'ils ne sont pas complètement mûrs; dans ce dernier cas, on les conserve à l'abri dans un local sec.

Aubergine. — L'aubergine (*Solanum melongena* L.) est une plante annuelle de la famille des Solanées, originaire de l'Amérique méridionale. On la cultive pour ses fruits, qui sont des baies diversement colorées, dont la pulpe devient tendre et savoureuse par la cuisson. C'est surtout un légume des régions méridionales; dans la région septentrionale de la France, l'aubergine mûrit rarement en plein air. On en connaît une quinzaine de variétés, dont les fruits sont oblongs ou ovoïdes; la principale est l'aubergine violette, à fruits oblongs, dont la longueur est de 20 à 25 centimètres.

On multiplie l'aubergine par graines, qu'on sème en avril sur couche, pour repiquer en mai sur une bonne terre. Les soins de culture consistent en sarclages, en arrosages qui doivent être assez copieux, et en pincements des rameaux pour hâter le grossissement des fruits, dont la maturité arrive depuis le mois d'août jusqu'au mois d'octobre. — Par la culture forcée, on peut obtenir des aubergines mûres dès la fin de juin.

Tomate. — La tomate (*Solanum lycopersicum* L.) est une plante annuelle, de la famille des Solanées, originaire de l'Amérique méridionale. On la cultive pour ses fruits qui sont de grosses baies charnues, de forme et de couleur variables, qu'on appelle vulgairement des pommes d'amour. On en a décrit une vingtaine de variétés, dans lesquelles la grosseur des fruits diffère du simple au quadruple; la plus répandue est la tomate rouge grosse, à fruits d'un beau rouge, un peu déprimés, épais de 4 à 5 centimètres, larges de 8 à 10 centimètres. On les prépare par la cuisson suivant des méthodes diverses.

Comme l'aubergine, la tomate est une plante des régions méridionales; néanmoins on peut la cultiver dans la plus grande partie de la France, en semant sur couche au printemps, et en repiquant à bonne exposition chaude; si les fruits ne sont pas tout à fait mûrs lorsque les gelées commencent, on arrache les pieds et on les suspend dans une chambre sèche, où les fruits achèvent de mûrir.

Dans le midi, la tomate est cultivée à peu près comme l'aubergine; pour maintenir les rameaux, on doit les palisser sur un treillage; lorsque les fruits ont atteint leur grosseur normale, on enlève quelques feuilles pour permettre au soleil d'en hâter la maturité qui commence en août et septembre. — Par la culture sur couches sous châssis, les semis étant faits en hiver, on peut récolter des tomates de primeur dès le mois de mai.

Fraisier. — Le fraisier (*Fragaria* L.) est un genre de plantes vivaces de la famille des Rosacées, renfermant plusieurs espèces à fruits comestibles. Le fruit est apocarpé, c'est-à-dire formé d'un certain nombre de carpelles qui restent distincts et secs, tandis que leur réceptacle devient charnu et succulent; c'est ce réceptacle qui constitue la fraise ou fruit du fraisier.

On cultive un très grand nombre de variétés qui proviennent de plusieurs espèces, dont les principales sont: le fraisier des bois (*Fragaria vesca* L.) et le fraisier capron, indigènes en France, le fraisier du Chili et le fraisier de Virginie, originaires de l'Amérique; c'est par des hybridations entre ces espèces que se sont produites la plupart des variétés cultivées. Ces variétés se divisent en deux catégories : les petites fraises, dérivant du fraisier des bois, et les grosses fraises, dérivant des autres espèces. A la première catégorie, appartiennent la fraise des quatre saisons et la fraise de Montreuil; à la deuxième, la plupart des autres variétés.

Les fraisiers sont cultivés dans les jardins en bordures le long des allées, ou bien en lignes sur des carrés spéciaux. On multiplie généralement les petites fraises par semis, les grosses fraises par les coulants ou filets qui partent de la base de la tige et qui s'enracinent naturellement. La culture est d'ailleurs facile; des sarclages, des arrosages copieux pendant l'été, constituent les principaux soins à donner. Les fruits sont très précoces, et mûrissent dès le printemps.

Pour pratiquer la culture forcée du fraisier, on rempote les pieds en juin, et on met les pots en pleine terre jusqu'en octobre; à cette date, on ajoute à la partie supérieure des pots, du terreau et du crottin de cheval, et on les place sous un châssis près du vitrage (fig. 49, p. 165); au bout d'un mois, les fraisiers fleurissent; des arrosages assez copieux sont nécessaires, ainsi que l'aération quand le temps le permet. — Dans le midi de la France, il suffit, pour avoir des fraises pendant l'hiver, de repiquer, à l'automne, les plants de fraisiers sur couche et sous châssis en bonne exposition.

PLANTES A INFLORESCENCE ALIMENTAIRE. — Le chou-fleur et l'artichaut sont les deux plantes cultivées pour leur inflorescence comestible.

Chou-fleur. — Voy. page 150.

Artichaut. — L'artichaut (*Cynara scolymus* L.) est une plante vivace de la famille des Composées, originaire de l'Europe méridionale. On le cultive pour son inflorescence à réceptacle charnu et entouré d'un grand nombre de bractées dont la base est également charnue; on coupe l'inflorescence avant son épanouissement. On en a décrit une dizaine de variétés qui diffèrent par le volume de l'inflorescence, par sa forme arrondie ou allongée, par la divergence des bractées, par les épines dont leur extrémité est garnie.

On multiplie le plus souvent l'artichaut par éclat des racines au printemps. On plante les éclats en échiquier, en les espaçant de 80 centimètres à 1 mètre suivant le degré de fertilité du sol. Les soins de culture consistent en binages et en arrosages. La plante commence à produire la première année; elle est en plein rapport pendant les trois années suivantes; on doit l'arracher après la récolte de la quatrième année. Souvent on ne fait durer les plantations que pendant deux ans. Il est utile de butter les artichauts ou de les garnir d'une couverture de feuilles sèches pendant l'hiver. — La culture forcée se pratique en transportant, en novembre, les pieds d'artichaut sous châssis entouré d'un réchaud de fumier; la récolte peut se faire en avril.

Pour accroître la quantité des parties comestibles de l'artichaut, on a recommandé de coiffer l'inflorescence, dès qu'elle émerge, d'une bourse de gros linge que l'on recouvre de paille, en fixant, par un lien, cette double enveloppe autour de la tige. Au lieu de verdir, les bractées restent décolorées et tendres; au moment de la cueillette, elles ont une couleur blonde.

PLANTES A FLEURS ALIMENTAIRES. — *Capucine.* — La capucine (*Tropæolum majus* L.) est une plante annuelle, de la famille des Tropéolées, originaire de l'Amérique méridionale. C'est une plante à tige volubile, à grandes fleurs orangées, marquées de taches pourpres. On la cultive comme plante d'ornement et comme plante potagère; ses fleurs servent à orner les salades, et sont elles-mêmes alimentaires. — On sème en pleine terre, au printemps et à l'été; les fleurs s'épanouissent au bout de deux ou trois mois. On mange aussi les boutons floraux, confits dans du vinaigre.

Câprier. — Le câprier (*Capparis spinosa* L.) est un arbuste de la famille des Capparidées. On ne le cultive en France que dans la région méridionale, en terre sèche et pierreuse. On récolte les jeunes boutons à fleur, et on les mange après les avoir fait confire dans le vinaigre.

PLANTES CONDIMENTAIRES. — Les plantes condimentaires sont

celles dont certaines parties sont ajoutées aux aliments pour en rehausser le goût ou pour en faciliter la digestion.

Ail. — Le genre ail (*Allium* L.) est un genre de plantes vivaces de la famille des Liliacées, à bulbes recouverts d'une tunique, douées généralement d'une odeur et d'une saveur fortes. Quatre espèces de ce genre sont condimentaires : l'ail ordinaire, l'oignon, l'échalote et la ciboule; une autre espèce du même genre, le poireau, est aussi cultivé comme plante potagère (voy. page 154).

Ail ordinaire. — L'ail ordinaire (*Allium sativum* L.) est originaire de l'Europe méridionale; sa culture remonte aux temps anciens. La bulbe se compose de huit ou dix caïeux allongés et ovoïdes, réunis ensemble par une pellicule blanchâtre. La consommation de ces bulbes est très importante dans la France méridionale.

On multiplie l'ail par plantation des caïeux, au printemps ou à l'automne, en lignes distantes de 25 à 30 centimètres, en espaçant les caïeux de 12 à 15 centimètres. Un ou deux binages suffisent généralement pour maintenir le sol propre. En mai, on lie ensemble les feuilles et la tige pour refouler la sève dans les bulbes. La maturité se manifeste en juin ou juillet, par la dessiccation des feuilles. On arrache les bulbes à la bêche ou à la houe, et on les laisse se ressuyer sur le sol pendant quelques jours sous l'action du soleil. Pour la vente, on lie les bulbes en bottes.

Oignon. — L'oignon (*Allium cepa* L.), qu'on écrit quelquefois *ognon*, est une plante bisannuelle, originaire de l'Asie. On le cultive depuis les temps les plus reculés pour ses bulbes formés par les bases des feuilles engainantes de la tige, imbriquées les unes dans les autres. On connaît plus de cinquante variétés d'oignons, différant par la grosseur et la forme plus ou moins arrondie du bulbe; les plus répandues sont : l'oignon blanc hâtif, l'oignon jaune et l'oignon rouge.

On multiplie l'oignon par graines. On sème, suivant les variétés, à l'automne ou au printemps, sur une terre préalablement fumée et dont la surface est bien pulvérisée; on recouvre d'une légère couche de terreau. Les soins de culture consistent à éclaircir le plant après la levée et à arroser, en cas de sécheresse. Dans le premier cas, on récolte au commencement de l'été; dans le deuxième cas, à la fin de l'été ou en automne. Les oignons se conservent facilement dans un local sec; on les consomme sous toutes les formes.

En Alsace, on sème de février en avril sur un terrain léger, bien labouré, recouvert de cendres de bois; on éclaircit les plants en laissant 5 centimètres entre les oignons; on garnit les vides avec du terreau; en été, on active la végétation par des arrosages copieux.

Échalote. — L'échalote (*Allium ascalonicum* L.) est une plante vivace, originaire de l'Asie occidentale. Elle ressemble beaucoup à l'ail par ses bulbes et les caïeux qui s'y forment; mais ceux-ci sont plus petits. Il n'en existe que peu de variétés.

La culture de l'échalote est très facile. On plante les caïeux au printemps, et on récolte aux mois de juin ou de juillet, lorsque les feuilles commencent à se dessécher. Les bulbes se conservent d'une récolte à l'autre.

Ciboule. — La ciboule (*Allium fistulosum* L.) est une plante vivace, qui paraît originaire de l'Asie. On la cultive partout pour ses feuilles qui servent de condiment.

La culture en est très simple. On multiplie la plante par division des touffes ou par semis, au printemps. On coupe les feuilles suivant les besoins; on peut commencer à en prendre trois mois après les semis.

Ciboulette. — La ciboulette (*Allium Schœnoprasum* L.), très voisine de la ciboule, mais de plus petite taille, est indigène en Europe. On la cultive pour ses feuilles qu'on emploie comme celles de la ciboule.

Cette plante n'exige pas de soins spéciaux de culture. On la multiplie par division des touffes au printemps.

Cerfeuil. — Le cerfeuil (*Scandix cerefolium* L.) est une plante annuelle de la famille des Ombellifères, indigène dans l'Europe méridionale. On la cultive pour ses feuilles très finement découpées, qui sont aromatiques. Il en existe une variété à feuilles crépues, connue sous le nom de cerfeuil frisé.

Le cerfeuil est une plante très rustique, qu'on peut semer partout en pleine terre; pendant l'été, les situations un peu ombragées sont préférables pour elle. On la multiplie par graines qu'on sème à la volée ou en bordure; les semis se font depuis le commencement du printemps jusqu'à la fin de l'été. On peut commencer à couper les feuilles six semaines à deux mois après le semis.

Persil. — Le persil (*Apium petroselinum* L.) est une plante bisannuelle de la famille des Ombellifères, originaire d'Italie. La tige florale ne se développe que la seconde année ; la plante est formée, pendant la première année, par des touffes de feuilles longuement pétiolées, divisées et finement dentées. Au persil commun se rattachent plusieurs variétés, dont la plus répandue est le persil frisé, dont les segments des feuilles sont repliés ; on les cultive pour leurs feuilles aromatiques.

On sème les graines de persil depuis le mois de mars jusqu'en été. Mais la germination est assez lente, et on ne peut commencer à couper les feuilles que trois mois après le semis ; on peut hâter la végétation en semant sur couche.

Les feuilles du persil commun ayant une assez grande analogie avec celles de la petite ciguë, plante adventive très vénéneuse, il convient de le remplacer par le persil frisé.

Estragon. — L'estragon (*Artemisia dracunculus* L.) est une plante vivace de la famille des Composées, originaire de l'Asie septentrionale. On la cultive pour ses feuilles lancéolées, dont le goût est fin et aromatique.

On multiplie l'estragon par division des touffes ou par boutures. Il n'exige pas de soins spéciaux de culture. Au commencement de l'hiver, on coupe toutes les tiges, et on abrite la plante par une couche de feuilles sèches qu'on enlève lorsqu'on n'a plus à craindre de fortes gelées.

Pimprenelle. — La pimprenelle (*Poterium sanguisorba* L.) est une plante indigène, vivace, de la famille des Rosacées. On la cultive pour ses feuilles pennées, formées de folioles ovales, très dentées, qu'on emploie comme assaisonnement à cause de leur saveur quand elles sont jeunes et tendres.

On sème la pimprenelle au printemps, en bordures ou en lignes sur un carré. On coupe de temps en temps les feuilles, pour provoquer la multiplication de nouvelles pousses. La plante est d'ailleurs très rustique.

15ᵉ LEÇON

PLANTES D'AGRÉMENT

Sommaire. — Plantes florales et plantes à feuillage. — Principaux modes de culture. — Corbeilles, plates-bandes, bordures. — Gazons. — Durée des plantes d'ornement. — Culture en pots et en caisses. — Plantes grimpantes. — Plantes aquatiques. — Commerce des fleurs. — Mosaïculture.

Résumé

Les plantes d'agrément sont celles que l'on cultive pour le plaisir des yeux, pour faire du jardin un endroit agréable, où l'on se plaise. Les jardins d'agrément sont isolés ou font partie du jardin utile. L'organisation d'un grand jardin de ce genre est subordonnée à des règles spéciales dont l'ensemble constitue ce qu'on appelle l'architecture des jardins; il ne peut en être question ici. Les petits jardins d'agrément, qui accompagnent la plupart des habitations, forment le plus souvent un accessoire du jardin fruitier et du jardin potager.

Les plantes d'agrément se répartissent en deux grandes catégories : plantes florales et plantes à feuillage.

Les *plantes florales* sont les plantes rustiques ou venant en plein air, que l'on recherche pour la beauté ou le parfum de leurs fleurs. Leur nombre est considérable; en fait, la plupart des plantes sauvages peuvent devenir des plantes florales. Par la culture, on augmente l'abondance de la floraison, on en change le caractère, on obtient des variétés nouvelles.

Pour accroître le nombre des fleurs, la méthode généralement usitée consiste à pincer ou à supprimer les rameaux ou les tiges qui ne portent pas de boutons. On provoque ainsi le développement, sur les autres rameaux, des boutons dont une partie resterait à l'état embryonnaire.

Dans la nature, les fleurs sont *simples*, c'est-à-dire elles sont constituées par leurs organes naturels, sous leur forme naturelle, calice, corolle, androcée, gynécée; dans des circonstances exceptionnelles, quelques-uns de ces organes sont soumis à une dégénérescence accidentelle; par exemple les anthères des étamines, au lieu de constituer des sacs polliniques, affectent la forme des pétales de la corolle. Afin d'obtenir des fleurs plus brillantes, l'horticulteur provoque ou multiplie cette dégénérescence; il obtient ainsi des *fleurs doubles*. Les fleurs sont doubles lorsque les étamines les plus externes sont transformées en pétales; elles sont *pleines*, lorsque la conversion a porté sur la totalité des étamines. Dès lors, la fleur devient stérile. Les nombreuses variétés de roses des jardins, qui proviennent toutes de l'églantine, présentent des exemples multiples de fleurs doubles à des degrés divers et de fleurs pleines. Certaines plantes doubles diffèrent tellement des plantes types qu'il est parfois difficile d'en reconnaître la filiation.

La sélection permet aussi à l'horticulteur de se procurer des variétés nouvelles d'une espèce de plante. Parmi les pieds provenant d'un semis de graines, il n'est pas rare d'en rencontrer quelques-uns dont les fleurs sont remarquables par leurs dimensions, ou bien par l'éclat de leur coloris. En semant isolément les graines provenant de ces individus privilégiés, on retrouve un certain nombre de pieds présentant les mêmes caractères; en choisissant encore les graines de ces derniers pour de nouveaux semis, on parvient à fixer, au bout de quelques générations, la nouvelle variété dans laquelle les caractères se maintiennent.

L'hybridation est un procédé plus délicat pour la création de variétés nouvelles. Cette opération consiste à enlever sur une fleur les étamines avant la déhiscence des anthères, et à secouer sur le pistil un pinceau garni de pollen enlevé aux étamines d'une fleur appartenant à une autre variété. Le semis des graines provenant de cette fécondation croisée peut donner des sujets portant des fleurs dont les caractères soient nouveaux et se maintiennent pendant les générations subséquentes. L'hybridation exige une assez grande habileté de main.

Les *plantes à feuillage* sont les plantes cultivées pour les teintes variées, plus ou moins éclatantes, que présentent leurs feuilles d'une manière permanente ou à certaines époques. Ces plantes sont moins nombreuses que les plantes florales; elles sont aussi beaucoup moins répandues, surtout dans les jardins des campagnes.

On cultive les plantes d'ornement en pleine terre ou en pots.

On appelle communément *parterre* la partie du jardin réservée aux plantes d'agrément. Elles y sont disposées soit en corbeilles, soit en plates-bandes, soit en bordeaux, sur la terre nue ou sur le sol gazonné.

Les plantes d'agrément sont disposées en corbeilles, lorsqu'elles sont groupées en massifs d'étendue et de forme variables. Le plus souvent, les corbeilles sont elliptiques ou circulaires. La surface en est légèrement bombée; on place au centre les plantes qui doivent acquérir la plus grande taille, et sur les bords celles de plus petite taille. On garnit les corbeilles soit de plantes d'une seule variété, soit de plantes de variétés et même d'espèces différentes, suivant que l'on veut obtenir une seule coloration ou des contrastes plus ou moins accusés entre les plantes qui les garnissent.

Les plates-bandes sont des surfaces sur lesquelles les plantes d'agrément sont disposées le plus souvent en lignes parallèles, plus ou moins rapprochées suivant les dimensions des plantes qui les garnissent. Les plates-bandes servent souvent de ceinture à des carrés consacrés à la culture potagère.

Les plantes d'ornement constituent des bordures, lorsqu'elles sont placées en ligne sur le bord des carrés, de manière à les séparer des allées. On choisit le plus souvent des plantes rustiques, qui restent basses. On constitue parfois les bordures avec de petits arbrisseaux taillés court; le buis est communément employé pour cet usage. Enfin, on fait aussi des bordures en bois, en poteries ou en fer.

Autrefois, les carrés des jardins d'agrément étaient garnis exclusivement d'arbrisseaux et de plantes herbacées d'ornement; actuellement ces carrés sont souvent semés de *gazon*, sur lequel on dessine les corbeilles et les plates-bandes. Le gazon recouvre bien le sol, et présente pendant toute l'année un aspect agréable. Pour être ornemental, le gazon doit être formé de Graminées vivaces, qui tallent bien du pied et dont le feuillage est abondant. On établit le gazon soit en semant des graines de Graminées, soit en recouvrant le sol avec des plaques de terre déjà engazonnées; la première méthode est moins dispendieuse. Les plantes indigènes qui forment les gazons les mieux fournis sont :

les fétuques (notamment la fétuque des moutons, *Festuca ovina*),
le pâturin des prés (*Poa pratensis*), la crételle (*Cynosurus cristatus*), l'ivraie vivace (*Lolium perenne*) ou ray-grass des Anglais, la fléole (*Phleum pratense*), la flouve odorante (*Anthoxanthum odoratum*), l'agrostide (*Agrostis vulgaris*), et quelques
autres. On doit en écarter les Graminées à tige un peu fortes, à
feuillage grêle. Les soins d'entretien qu'exigent les gazons consistent en arrosages et en tontes; on doit les couper chaque
quinzaine, à partir du mois d'avril, soit à la faux, soit avec
la machine spéciale appelée tondeuse de gazon.

Le choix des plantes dans un parterre n'est pas indifférent.
On peut le considérer sous deux rapports : garniture continue
du parterre, effets de contraste entre les plantes.

Un parterre ne remplit réellement son but que lorsqu'il est
garni de fleurs pendant la plus grande partie de l'année. On
peut atteindre ce résultat assez facilement; car parmi les plantes
florales, les unes fleurissent dès le commencement du printemps,
d'autres en été, d'autres en automne et même pendant une
partie de l'hiver. Mais comme un certain temps s'écoule toujours
entre le semis d'une plante et sa floraison, on n'obtiendrait pas
une continuité dans la garniture du parterre si l'on se contentait de semer simultanément ou successivement sur place les
plantes qui doivent occuper le sol : à certains moments, la surface serait dégarnie, au moins partiellement. On a donc recours
aux transplantations. Pour les pratiquer, on sème en pépinière,
au besoin sur couche, pour en hâter le développement, les
plantes qui doivent successivement garnir le parterre; lorsqu'une première floraison est achevée, on enlève les plantes et
on les remplace par celles dont la floraison va commencer. On
peut, en opérant ainsi quatre ou cinq fois dans l'année, avoir
un parterre constamment garni.

Si l'on ne cultive, dans une corbeille ou une plate-bande,
qu'une seule plante à la fois, on n'a pas à se préoccuper des
contrastes entre les couleurs du feuillage ou des fleurs. Il en
est autrement lorsque, comme c'est le cas général, on cultive
ensemble un plus ou moins grand nombre de plantes. On doit
alors tenir compte des effets que produisent sur l'œil les diverses combinaisons des couleurs. Ces effets sont agréables, lorsque

des couleurs simples, pures ou à peu près pures, sont rapprochées, ou lorsque des couleurs complémentaires l'une de l'autre sont rapprochées ; au contraire, on doit éviter les contrastes entre les couleurs simples et les couleurs composées dans la formation desquelles elles entrent. Le voisinage du blanc avive généralement les autres couleurs, et peut corriger des contrastes disgracieux ; le voisinage du noir produit un effet contraire. C'est surtout dans les plantations en massifs qu'on doit tenir compte de ces observations.

Le répertoire des plantes d'agrément étant fort long, il est impossible d'en donner l'énumération. Ces plantes sont généralement réparties en groupes suivant leur durée.

Les plantes *vivaces* sont celles qui vivent pendant plusieurs années. La plupart sont semées pendant l'été en pépinière et mises en place à l'automne ou au printemps suivant. Lorsqu'elles ont atteint leur développement complet, on coupe, chaque année, les tiges florales dès que la floraison est terminée. La multiplication se fait par semis, par éclats des racines, par marcottes, par boutures, suivant les espèces. Parmi les plantes de ce groupe les plus répandues, on peut citer les anémones, les pélargoniums, les giroflées, les pâquerettes doubles, les pensées, les primevères, les violettes, etc. — Les plantes *bulbeuses* sont des plantes vivaces qu'on multiplie le plus souvent en détachant les caïeux ou petits bulbes qui se développent au pied de la tige ; parmi celles-ci, on peut citer le glaïeul, le lis, l'iris, la jacinthe, la tulipe, etc. — D'autres plantes, comme le dahlia, se multiplient par des tubercules qui se conservent en terre ; ou mieux en cave, d'une année à l'autre.

Les plantes *annuelles* et *bisannuelles* se reproduisent par le semis. On sème les graines à des époques variables, suivant les plantes, depuis la fin de l'hiver jusqu'au milieu de l'été. Un certain nombre de plantes vivaces sont cultivées comme plantes annuelles. Parmi les plantes annuelles ou bisannuelles les plus répandues, on peut citer : la balsamine, l'amarante, la campanule, la belle-de-jour, le bleuet, plusieurs espèces de giroflées, le pétunia, le clarkia, le coquelicot, le muflier ou gueule-de-lion, les lychnides, etc.

La plupart des plantes à feuillage sont des plantes vivaces.

Les plus communes sont les cinéraires, les coléus, les bégonias, les amaranthes, les sédums, etc. On peut citer aussi, parmi les arbustes à feuillage ornemental les plus répandus, les lauriers, les fusains, les aucubas, les sureaux panachés, etc.

Les soins de binages et d'arrosages à donner à toutes ces plantes varient suivant les variétés, la nature du sol du jardin, le climat, et les circonstances spéciales, suivant que l'année est chaude ou froide, sèche ou humide. Dans les semis, on doit enterrer les graines d'autant moins profondément qu'elles sont plus fines; ces dernières sont à peine recouvertes de terre.

Le port des plantes influe sur le choix que l'on fait et sur la place qu'on leur donne dans les massifs ou les plates-bandes. On doit préférer les plantes à tiges droites et régulières, assez solides pour résister sans tuteurs aux vents et aux pluies, celles qui forment des touffes régulières et dont les fleurs sont bien détachées du feuillage; par contre, on doit éviter de se servir des plantes qui présentent les caractères opposés, par exemple de celles dont les tiges sont faibles ou bien irrégulières et divergentes, de telle sorte que les touffes présentent des vides disgracieux. Sur les plates-bandes et dans les corbeilles, on choisit pour la partie centrale les plantes à port érigé, en réservant pour les bordures les plantes basses et trapues qu'on rapproche pour former un ensemble compact et sans lacunes. Aux plantes herbacées, il est souvent utile de mêler quelques arbustes qui les dominent, mais sans les dépasser outre mesure, par exemple des rosiers, qui jouent presque toujours le premier rôle dans ce cas.

Pour les plantes qui exigent un sol spécial, par exemple de la terre de bruyère, on ne les confond pas avec les autres plantes florales, mais on leur réserve des emplacements spéciaux, plus ou moins étendus, que l'on garnit de la terre qui leur convient; la culture de ces plantes en pots ou en caisses est presque toujours préférable.

La culture en pots se pratique dans des pots le plus souvent en poterie, dont la grandeur varie avec les dimensions des plantes, et dont le fond est percé d'un trou pour la sortie des eaux d'arrosage en excès, qui ne doit jamais rester stagnante autour des racines. La partie inférieure est garnie d'un drainage qui s'élève jusqu'au cinquième ou au quart de la hauteur du pot; ce drainage est formé par des tessons qui laissent entre eux beaucoup de vides pour la circulation de l'eau. La terre dont on remplit les pots doit être de bonne qualité, et il importe de la renouveler de temps en temps; on obtient ce résultat en changeant les plantes de pot; c'est ce qu'on appelle le *rempotage*. Quand on rempote une plante, on doit toujours la transporter dans un pot de plus grande dimension, en laissant les racines garnies de leur motte de terre. Les rempotages s'exécutent le plus souvent au moment où la végétation s'arrête, c'est-à-dire au commencement de l'hiver.

Les plantes vivaces se cultivent souvent en pots ou en caisses; les caisses (généralement en bois) ne diffèrent des pots que par leurs plus grandes proportions. Cette culture s'applique tant aux plantes qui peuvent vivre en plein air, qu'à celles qui sont trop délicates pour supporter les rigueurs de l'hiver et qu'on doit mettre à l'abri pendant cette saison. On cultive aussi en pots un certain nombre d'arbustes qui peuvent servir à l'ornement des habitations; tels sont, parmi les espèces les plus répandues, les rosiers, les œillets, les fuchsias et un grand nombre d'arbustes exotiques. Les plantes en pots peuvent aussi servir à garnir les parterres; il suffit d'enterrer les pots pendant le temps de l'épanouissement des fleurs. Quant aux soins de culture qu'exigent les plantes en pots, ils consistent surtout en arrosages; ces arrosages doivent être sinon copieux, du moins fréquents, car la terre des pots a naturellement tendance à se dessécher rapidement.

Pour avoir, dans un jardin, un nombre considérable de plantes fleuries dès les premiers jours de chaque saison, on peut avoir recours à la *serre à multiplication*. C'est une petite serre, constituée souvent par quelques châssis juxtaposés, munie de quelques tablettes où l'on place les petits pots dans lesquels on pratique la culture forcée, pendant quelques semaines, des plantes annuelles ou vivaces qu'on transplante un peu plus tard dans les corbeilles ou les plates-bandes, au moment le plus opportun. La serre à multiplication est une véritable pépinière pour les plantes florales.

Les *plantes grimpantes* sont celles dont les tiges ont besoin d'appui pour se soutenir et s'élever. Parmi ces plantes, les unes s'attachent à ces appuis en enroulant leur tige, les autres s'y accrochent par des vrilles, les autres s'y fixent par de véritables racines adventices. Au premier groupe appartiennent les liserons, les houblons, le haricot d'Espagne, etc ; au deuxième groupe appartiennent les vignes et les passiflores; le troisième groupe est surtout caractérisé par le lierre. Les plantes grimpantes jouent un rôle important dans les jardins; elles servent à garnir les murs de clôture ou des palissades, à orner les portes ou les fenêtres des habitations, à former des berceaux ou des tonnelles.

On peut répartir les plantes grimpantes en deux catégories, suivant que les tiges sont annuelles ou vivaces. Parmi les premières, il convient de citer les gesses, les haricots d'Espagne, les liserons, les capucines, les cobéas, les bryones, etc. Les principales plantes à tiges vivaces sont : la vigne, le lierre, les rosiers grimpants, les jasmins, les chèvrefeuilles, les clématites, les passiflores, les glycines, la bougainvillée, etc.

Les *plantes aquatiques* sont celles qui vivent dans l'eau ou qui ont besoin, pour se développer, du voisinage de l'eau. Dans les jardins d'agrément, elles peuvent servir à orner les bassins et leurs bords.

Les plantes aquatiques sont dites submergées ou immergées, quand toutes leurs parties vivent constamment sous l'eau; elles sont flottantes ou nageantes, lorsque leurs feuilles ou leurs fleurs viennent s'épanouir à la surface; elles sont émergées, quand le bas de la tige seulement doit baigner dans l'eau. Parmi les principales plantes aquatiques, on peut citer les nénuphars, les laiches, les joncs, les roseaux, l'iris des marais, le populage ou souci d'eau, etc.

On a donné le nom de *mosaïculture* à des corbeilles de formes variées dans lesquelles on exécute des dessins multicolores par la juxtaposition de plantes diversement colorées. Cette application est d'invention toute moderne; c'est une sorte de marqueterie qui permet d'utiliser de petites plantes trapues à tissus charnus et à feuillage coloré. L'exécution des dessins en mosaïculture exige un goût assez développé pour ne pas accepter des conceptions bizarres et souvent grotesques; c'est ici que les indications données plus haut sur le contraste des couleurs peuvent être le plus utiles. Les plantes adoptées le plus souvent pour la mosaïculture appartiennent, pour la plupart, aux genres *Pyrethrum, Gnaphalium, Sedum, Coleus, Echeveria, Semper-rivum, Antennaria, Oxalis, Alternanthera, Veronica, Saxi-fraga, Bellis,* etc. Ces plantes, élevées en pots, sont mises en place lorsqu'elles ont atteint des dimensions convenables. Un dessin de mosaïculture de quelque étendue comporte souvent plusieurs milliers de plantes.

FIN

TABLE DES MATIÈRES

15491. — Imprimerie Générale A. Lahure, 9, rue de Fleurus, à Paris.

CONDITIONS DE VENTE ET D'ABONNEMENT

LE JOURNAL DE LA JEUNESSE paraît le samedi de chaque semaine. Le prix du numéro, comprenant 16 pages grand in-8°, est de **40** centimes.

Les 52 numéros publiés dans une année forment deux volumes.

Prix de chaque volume, broché, **10** francs; cartonné en percaline rouge, tranches dorées, **13** francs.

Pour les abonnés, le prix de chaque volume du *Journal de la Jeunesse* est réduit à **5** francs broché.

PRIX DE L'ABONNEMENT
POUR PARIS ET LES DÉPARTEMENTS

Un an (2 volumes)............... **20** FRANCS
Six mois (1 volume)............. **10** —

Prix de l'abonnement pour les pays étrangers qui font partie de l'Union générale des postes : Un an, **22** fr.; six mois, **11** fr.

Les abonnements se prennent à partir du 1ᵉʳ décembre et du 1ᵉʳ juin de chaque année.

MON JOURNAL

CINQUIÈME ANNÉE

NOUVEAU RECUEIL MENSUEL ILLUSTRÉ

POUR LES ENFANTS DE 5 A 10 ANS

PUBLIÉ SOUS LA DIRECTION DE

Mᵐᵉ Pauline KERGOMARD et de M. Charles DEFODON

CONDITIONS DE VENTE ET D'ABONNEMENT :

Il paraît un numéro le 15 de chaque mois depuis le 15 octobre 1881.

Prix de l'abonnement : Un an, 1 fr. 80; prix du numéro, 15 centimes.

Les cinq premières années de ce nouveau recueil forment cinq beaux volumes grand in-8°, illustrés de nombreuses gravures. La première année est épuisée ; la sixième est en cours de publication.

Prix de l'année, brochée, 2 fr. ; cartonnée en percaline gaufrée, avec fers spéciaux à froid, 2 fr. 50.

Prix de l'emboîtage en percaline, pour les abonnés ou les acheteurs au numéro, 50 centimes.

NOUVELLE COLLECTION ILLUSTRÉE

POUR LA JEUNESSE ET L'ENFANCE
1ʳᵉ SÉRIE, FORMAT IN-8° JÉSUS

Prix du volume : broché, 7 fr. ; cartonné, tranches dorées, 10 fr.

About (Ed.) : *Le roman d'un brave homme.* 1 vol illustré de 52 compositions par Adrien Marie.

— *L'homme à l'oreille cassée.* 1 vol. illustré de 51 compositions par Eug. Courboin.

Cahun (L.) : *Les aventures du capitaine Magon.* 1 vol. illustré de 72 gravures d'après Philippoteaux.

— *La bannière bleue.* 1 vol. illustré de 73 gravures d'après Lix.

Deslys (Charles) : *L'héritage de Charlemagne.* 1 vol. illustré de 127 gravures d'après Zier.

Dillaye (Fr.) : *Les jeux de la jeunesse,* leur origine, leur histoire, avec l'indication des règles qui les régissent. 1 vol. illustré de 203 gravures.

Emery (H.) : *La vie végétale,* histoire des plantes, 1 vol. contenant 10 planches tirées en couleurs et 420 gravures insérées dans le texte.

Pouchet (F.-A.) : *L'univers, les infiniment grands, les infiniment petits.* 1 vol. contenant 323 gravures et 4 planches en couleurs.

2ᵉ SÉRIE, FORMAT IN-8° RAISIN

Prix du volume : broché, 4 fr. ; cartonné, tranches dorées, 6 fr.

Assollant (A.) : *Montluc le Rouge.* 2 vol. avec 107 grav. d'après Sahib.

— *Pendragon.* 1 vol. avec 42 gravures d'après C. Gilbert.

Auerbach : *La fille aux pieds nus.* Nouvelle imitée de l'allemand par J. Gourdault. 1 vol. avec 72 gravures d'après Vautier.

Baker (S. W.) : *L'enfant du naufrage,* traduit de l'anglais par Mᵐᵉ Fernand. 1 vol. avec 10 gravures.

Blandy (Mᵐᵉ S.) : *Rouzétou.* 1 vol. illustré de 112 gravures d'après E. Zier.

Cahun (L.) : *Les pilotes d'Ango.* 1 vol. avec 45 gravures d'après Sahib.

— *Les Mercenaires.* 1 vol. avec 54 gravures d'après P. Fritel.

Cheron de la Bruyère (Mᵐᵉ) : *La tante Derbier.* 1 vol. illustré de 50 gravures d'après Myrbach.

Colomb (Mᵐᵉ) : *Le violoneux de la sapinière.* 1 vol. avec 85 gravures d'après A. Marie.

— *La fille de Carilès.* 1 vol. avec 96 gravures d'après A. Marie.

Ouvrage couronné par l'Académie française.

— *Deux mères.* 1 vol. avec 133 gravures d'après A. Marie.

— *Le bonheur de Françoise.* 1 vol. avec 112 gravures d'après A. Marie.

— *Chloris et Jeanneton.* 1 vol. avec 105 gravures d'après Sahib.

— *L'héritière de Vauclain.* 1 vol. avec 101 grav. d'après C. Delort.

— *Franchise.* 1 vol. avec 113 gravures d'après C. Delort.

— *Feu de paille.* 1 vol. avec 98 gravures d'après Tofani.

— *Les étapes de Madeleine.* 1 vol. avec 105 gravures d'après Tofani.

Colomb (Mme) : *Denis le tyran.*
1 vol. avec 115 gravures d'après
Tofani.

— *Pour la muse.* 1 vol. avec 105 gravures d'après Tofani.

— *Pour la patrie.* 1 vol. avec 112
gravures d'après E. Zier.

— *Hervé Plémeur.* 1 vol. avec 112
gravures d'après E. Zier.

— *Jean l'innocent.* 1 vol. illustré de
112 gravures d'après Zier.

Cortambert (E.) : *Voyage pitto-
resque à travers le monde.* 1 vol.
avec 81 gravures.

— *Mœurs et caractères des peuples*
(Europe, Afrique). 1 vol. avec 69 gr.

— *Mœurs et caractères des peuples*
(Asie, Amérique, Océanie). 1 vol.
avec 60 gravures.

Cortambert et Deslys : *Le pays
du soleil.* 1 vol. avec 35 gravures.

Daudet (E.) : *Robert Darnetal.*
1 vol. avec 81 grav. d'après Sahib.

Demoulin (Mme G.) : *Les animaux
étranges.* 1 vol. avec 172 gravures.

— *Les gens de bien.* 1 vol. avec 32
gravures d'après Gilbert.

— *Les maisons des bêtes.* 1 vol.
avec 70 gravures.

Deslys (Ch.) : *Courage et dévoue-
ment.* Histoire de trois jeunes filles.
1 vol. avec 31 gravures d'après Lix
et Gilbert.

— *L'Ami François.* 1 vol. avec 35 gr.

— *Nos Alpes*, avec 39 gravures d'a-
près J. David.

— *La mère aux chats.* 1 vol. avec
50 gravures d'après H. David.

Énault (L.) : *Le chien du capitaine.*
1 vol. avec 43 gravures d'après
E. Riou.

Erwin (Mme E. d') : *Heur et mal-
heur.* 1 vol. avec 50 gravures d'a-
près H. Castelli.

Fath (G.) : *Le Paris des enfants.*
1 vol. avec 60 gravures d'après
l'auteur.

Fleuriot (Mme Z.) : *M. Nostradamus.*
1 vol. avec 36 gravures d'après
A. Marie.

— *La petite duchesse.* 1 vol. avec
73 gravures d'après A. Marie.

— *Grandcœur.* 1 vol. avec 45 gravures d'après C. Delort.

— *Raoul Daubry, chef de famille.*
1 vol. avec 32 gravures d'après
C. Delort.

— *Mandarine.* 1 vol. avec 95 gravures d'après C. Delort.

— *Cadok.* 1 vol. avec 21 gravures
d'après C. Gilbert.

— *Câline.* 1 vol. avec 102 grav. d'a-
près G. Fraipont.

— *Feu et flamme.* 1 vol. avec 80 gravures d'après Tofani.

— *Le clan des têtes chaudes.* 1 vol.
illustré de 65 gravures d'après
Myrbach.

Girardin (J.) : *Les braves gens.*
1 vol. avec 115 gravures d'après
E. Bayard.

Ouvrage couronné par l'Académie
française.

— *Nous autres.* 1 vol. avec 183 gravures d'après E. Bayard.

— *Fausse route.* 1 vol. avec 55 grav.
d'après H. Castelli.

— *La toute petite.* 1 vol. avec 128
gravures d'après E. Bayard.

— *L'oncle Placide.* 1 vol. avec 139
gravures d'après A. Marie.

— *Le neveu de l'oncle Placide.*
1re partie. A la recherche de l'héri-
tier. 1 vol. avec 133 gravures d'a-
près A. Marie.

— *Le neveu de l'oncle Placide,*
2e partie. A la recherche de l'héritage. 1 vol. avec 98 gravures d'a-
près A. Marie.

— *Le neveu de l'oncle Placide.*
3e et dernière partie. L'héritage du
vieux Cob. 1 vol. avec 147 gravures
d'après A. Marie.

Girardin (J.) : *Grand-Père.* 1 vol. avec 91 gravures d'après C. Delort. Ouvrage couronné par l'Académie française.
— *Maman.* 1 vol. avec 112 gravures d'après Tofani.
— *Le roman d'un cancre.* 1 vol. avec 119 gravures d'après Tofani.
— *Les millions de la tante Zézé.* 1 vol. avec 112 gravures d'après Tofani.
— *La famille Gaudry.* 1 vol. avec 112 gravures d'après Tofani.
— *Histoire d'un Berrichon.* 1 vol. avec 112 gravures d'après Tofani.
— *Le capitaine Bassinoire.* 1 vol. illustré de 119 gravures d'après Tofani.

Giron (Aimé) : *Les trois rois mages.* 1 vol. illustré de 60 gravures d'après Fraipont et Pranishnikoff.

Gouraud (Mlle J.) : *Cousine Marie.* 1 vol. avec 36 gravures d'après A. Marie.

Hayes (le Dr) : *Perdus dans les glaces,* traduit de l'anglais, par L. Renard. 1 vol. avec 58 gravures d'après Crépon, etc.

Henty (G.) : *Les jeunes francs-tireurs,* traduit de l'anglais, par Mme Rousseau. 1 vol. avec 20 gravures d'après Janet-Lange.

Kingston (W.) : *Une croisière autour du monde,* traduit de l'anglais par J. Belin de Launay. 1 vol. avec 44 gravures d'après Riou.

Paulian (L.) : *La hotte du chiffonnier.* 1 vol. avec 47 gravures d'après J. Férat.

Rousselet (L.) : *Le charmeur de serpents.* 1 vol. avec 68 gravures d'après A. Marie.
— *Le fils du connétable.* 1 vol. avec 113 gravures d'après Pranishnikoff.
— *Les deux mousses.* 1 vol. avec 90 gravures d'après Sahib.
— *Le tambour du Royal-Auvergne.* 1 vol. avec 115 gravures d'après Poirson.

Rousselet (L.) : *La peau du tigre.* 1 vol. avec 102 gravures d'après Bellecroix et Tofani.

Saintine : *La nature et ses trois règnes,* ou la mère Gigogne et ses trois filles. 1 vol. avec 171 gravures d'après Foulquier et Faguet.
— *La mythologie du Rhin et les contes de la mère-grand.* 1 vol. avec 160 gravures d'après Gustave Doré.

Stanley (H.) : *La terre de servitude,* traduit de l'anglais par Levoisin. 1 vol. avec 21 gravures d'après P. Philippoteaux.

Tissot et Améro : *Aventures de trois fugitifs en Sibérie.* 1 vol. avec 72 gravures d'après Pranishnikoff.

Tom Brown, scènes de la vie de collège en Angleterre. Imité de l'anglais par J. Girardin. 1 vol. avec 69 gravures d'après Godefroy Durand.

Witt (Mme de), née Guizot : *Scènes historiques.* 1re série. 1 vol. avec 18 gravures d'après E. Bayard.
— *Scènes historiques.* 2e série. 1 vol. avec 28 gravures d'après A. Marie.
— *Lutin et démon.* 1 vol. avec 36 gravures d'après Pranishnikoff et E. Zier.
— *Normands et Normandes.* 1 vol. avec 70 gravures d'après E. Zier.
— *Un jardin suspendu.* 1 vol. avec 39 gravures d'après C. Gilbert.
— *Notre-Dame Guesclin.* 1 vol. avec 70 gravures d'après E. Zier.
— *Une sœur.* 1 vol. avec 65 gravures d'après E. Bayard.
— *Légendes et récits pour la jeunesse.* 1 vol. avec 18 gravures d'après Philippoteaux.
— *Un nid.* 1 vol. avec 63 gravures d'après Ferdinandus.

BIBLIOTHÈQUE DES PETITS ENFANTS

DE 4 A 8 ANS

FORMAT GRAND IN-16

CHAQUE VOLUME, BROCHÉ, 2 FR. 25

CARTONNÉ EN PERCALINE BLEUE, TRANCHES DORÉES, 3 FR. 50

Ces volumes sont imprimés en gros caractères.

Cheron de la Bruyère (Mme): *Contes à Pépée.* 1 vol. avec 24 gravures d'après Grivaz.

— *Plaisirs et aventures.* 1 vol. avec 30 gravures d'après Jeanniot.

— *La perruque du grand-père.* 1 vol. illustré de 30 gravures, d'après Tofani.

Colomb (Mme) : *Les infortunes de Chouchou.* 1 vol. avec 48 gravures d'après Riou.

Duporteau (Mme) : *Petits récits.* 1 vol. avec 28 gravures d'après Tofani.

Erwin (Mme E. d') : *Un été à la campagne.* 1 vol. avec 39 gravures d'après Sahib.

Franck (Mme E.) : *Causeries d'une grand'mère.* 1 vol. avec 72 gravures d'après C. Delort.

Fresneau (Mme), née de Ségur: *Une année du petit Joseph.* Imité de l'anglais. 1 vol. avec 67 gravures d'après Jeanniot.

Girardin (J.) : *Quand j'étais petit garçon.* 1 vol. avec 52 gravures d'après Ferdinandus.
— *Dans notre classe.* 1 vol. avec 26 gravures d'après Jeanniot.

Le Roy (Mme F.) : *L'aventure de Petit Paul.* 1 vol. illustré de 45 gravures, d'après Ferdinandus.

Molesworth (M^{rs}) : *Les aventures de M. Baby,* traduit de l'anglais par Mme de Witt. 1 vol. avec 12 gravures d'après W. Crane.

Pape-Carpantier (Mme) : *Nouvelles histoires et leçons de choses.* 1 vol. avec 42 gravures d'après Semechini.

Surville (André) : *Les grandes vacances.* 1 vol. avec 30 gravures d'après Semechini.

— *Les amis de Berthe.* 1 vol. avec 30 gravures d'après Ferdinandus.

— *La petite Givonnette.* 1 vol. illustré de 34 gravures d'après Grigny.

Witt (Mme de), née Guizot : *Histoire de deux petits frères.* 1 vol. avec 45 grav. d'après Tofani.

— *Sur la plage.* 1 vol. avec 55 gravures, d'après Ferdinandus.

— *Par monts et par vaux.* 1 vol. avec 54 grav. d'après Ferdinandus.

— *Vieux amis.* 1 vol. avec 60 gravures d'après Ferdinandus.

— *En pleins champs.* 1 vol. avec 45 gravures d'après Gilbert.

— *Petite.* 1 vol. avec 56 gravures d'après Tofani.

— *A la montagne.* 1 vol. illustré de 5 gravures d'après Ferdinandus.

BIBLIOTHÈQUE ROSE ILLUSTRÉE

FORMAT IN-16

CHAQUE VOLUME, BROCHÉ, 2 FR. 25

CARTONNÉ EN PERCALINE ROUGE, TRANCHES DORÉES, 3 FR. 50

Ire SÉRIE, POUR LES ENFANTS DE 4 A 8 ANS

Anonyme : *Chien et chat*, traduit de l'anglais. 1 vol. avec 45 gravures d'après E. Bayard.

— *Douze histoires pour les enfants de quatre à huit ans*, par une mère de famille. 1 vol. avec 8 gravures d'après Bertall.

— *Les enfants d'aujourd'hui*, par le même auteur. 1 vol. avec 40 gravures d'après Bertall.

Carraud (Mme) : *Historiettes véritables*, pour les enfants de quatre à huit ans. 1 vol. avec 94 gravures d'après G. Fath.

Fath (G.) : *La sagesse des enfants*, proverbes. 1 vol. avec 100 gravures d'après l'auteur.

Laroque (Mme) : *Grands et petits.* 1 vol. avec 61 gravures d'après Bertall.

Marcel (Mme J.) : *Histoire d'un cheval de bois.* 1 vol. avec 20 gravures d'après E. Bayard.

Pape-Carpantier (Mme) : *Histoires et leçons de choses pour les enfants.* 1 vol. avec 85 gravures d'après Bertall.

Ouvrage couronné par l'Académie française.

Perrault, MM^mes d'Aulnoy et Leprince de Beaumont : *Contes de fées.* 1 vol. avec 85 gravures d'après Bertall et Forest.

Porchat (J.) : *Contes merveilleux.* 1 vol. avec 21 gravures d'après Bertall.

Schmid (le chanoine) : *190 contes pour les enfants*, traduit de l'allemand par André van Hasselt. 1 vol. avec 29 gravures d'après Bertall.

Ségur (Mme la comtesse de) : *Nouveaux contes de fées.* 1 vol. avec 46 gravures d'après Gustave Doré et H. Didier.

IIe SÉRIE, POUR LES ENFANTS DE 8 A 14 ANS

Achard (A.) : *Histoire de mes amis.* 1 vol. avec 25 gravures d'après Bellecroix.

Alcott (Miss) : *Sous les lilas*, traduit de l'anglais par Mme S. Lepage. 1 vol. avec 23 gravures.

Andersen : *Contes choisis*, traduits du danois par Soldi. 1 vol. avec 40 gravures d'après Bertall.

Anonyme : *Les fêtes d'enfants*, scènes et dialogues. 1 vol. avec 41 gravures d'après Foulquier.

Assollant (A.). *Les aventures merveilleuses mais authentiques du capitaine Corcoran.* 2 vol. avec 50 gravures, d'après A. de Neuville.

Barrau (Th.) : *Amour filial.* 1 vol. avec 41 gravures d'après Ferogio.

Bawr (Mme de) : *Nouveaux contes.* 1 vol. avec 40 gravures d'après Bertall.

Ouvrage couronné par l'Académie française.

Belèze : *Jeux des adolescents.* 1 vol. avec 140 gravures.

Berquin : *Choix de petits drames et de contes.* 1 vol. avec 36 gravures d'après Foulquier, etc.

Berthet (E.) : *L'enfant des bois.* 1 vol. avec 61 gravures.

Blanchère (De la) : *Les aventures de la Ramée.* 1 vol. avec 36 gravures d'après E. Forest.

— *Oncle Tobie le pêcheur.* 1 vol. avec 80 gravures d'après Foulquier et Mesnel.

Boîteau (P.): *Légendes* recueillies ou composées pour les enfants. 1 vol. avec 42 gravures d'après Bertall.

Carpentier (Mlle E.): *La maison du bon Dieu.* 1 vol. avec 58 gravures d'après Riou.

— *Sauvons-le !* 1 vol. avec 60 gravures d'après Riou.

— *Le secret du docteur,* ou la maison fermée. 1 vol. avec 43 gravures d'après P. Girardet.

— *La tour du preux.* 1 vol. avec 59 gravures d'après Tofani.

Carraud (Mme Z.): *La petite Jeanne,* ou le devoir. 1 vol. avec 21 gravures d'après Forest.

Ouvrage couronné par l'Académie française.

Carraud (Mme Z.) : *Les goûters de la grand'mère.* 1 vol. avec 18 gravures d'après E. Bayard.

— *Les métamorphoses d'une goutte d'eau.* 1 vol. avec 50 gravures d'après E. Bayard.

Castillon (A.): *Les récréations physiques.* 1 vol. avec 36 gravures d'après Castelli.

— *Les récréations chimiques,* faisant suite au précédent. 1 vol. avec 34 gravures d'après H. Castelli.

Cazin (Mme J.): *Les petits montagnards.* 1 vol. avec 51 gravures d'après G. Vuillier.

— *Un drame dans la montagne.* 1 vol. avec 33 grav. d'après G. Vuillier.

— *Histoire d'un pauvre petit.* 1 vol. avec 40 gravures d'après Tofani.

— *L'enfant des Alpes.* 1 vol. avec 33 gravures d'après Tofani.

— *Perlette.* 1 vol. illustré de 54 gravures d'après MYRBACH.

Chabreul (Mme de) : *Jeux et exercices des jeunes filles.* 1 vol. avec 62 gravures d'après Fath, et la musique des rondes.

Colet (Mme L.) : *Enfances célèbres.* 1 vol. avec 57 gravures d'après Foulquier.

Contes anglais, traduits par Mme de Witt. 1 vol. avec 43 gravures d'après Morin.

Deslys (Ch.) : *Grand'maman* 1 vol. avec 29 gravures d'après E. Zier.

Edgeworth (Miss : *Contes de l'adolescence,* traduits par A. Le François. 1 vol. avec 42 gravures d'après Morin

— *Contes de l'enfance,* traduits par le même. 1 vol. avec 26 gravures d'après Foulquier.

Edgeworth (Miss) : *Demain*, suivi de *Mourad le malheureux*, contes traduits par H. Jousselin. 1 vol. avec 55 gravures d'après Bertall.

Fénelon : *Fables*. 1 vol. avec 29 grav. d'après Forest et É. Bayard.

Fleuriot (Mlle) : *Le petit chef de famille*. 1 vol. avec 57 gravures d'après H. Castelli.

— *Plus tard*, ou le jeune chef de famille. 1 vol. avec 60 gravures d'après É. Bayard.

— *L'enfant gâté*. 1 vol. avec 48 gravures d'après Ferdinandus.

— *Tranquille et Tourbillon*. 1 vol. avec 45 grav. d'après G. Delort.

— *Cadette*. 1 vol. avec 52 gravures d'après Tofani.

— *En congé*. 1 vol. avec 61 gravures d'après Ad. Marie.

— *Bigarette*. 1 vol. avec 48 gravures d'après Ad. Marie.

— *Bouche-en-Cœur*. 1 vol. avec 45 gravures d'après Tofani.

— *Gildas l'intraitable*, 1 vol. avec 56 gravures d'après E. Zier.

Foë (de) : *La vie et les aventures de Robinson Crusoé*, traduites de l'anglais. 1 vol. avec 40 gravures.

Fonvielle (W. de) : *Néridah*. 2 vol. avec 45 gravures d'après Sahib.

Fresneau (Mme), née de Ségur : *Comme les grands!* 1 vol. illustré de 46 gravures d'après Ed. Zier.

Genlis (Mme de) : *Contes moraux*. 1 vol. avec 40 gravures d'après Foulquier, etc.

Gérard (A.) : *Petite Rose. — Grande Jeanne*. 1 vol. avec 28 gravures d'après Gilbert.

Girardin (J.) : *La disparition du grand Krause*. 1 vol. avec 70 gravures d'après Kauffmann.

Giron (A.) : *Ces pauvres petits*. 1 vol. avec 22 gravures d'après B. Nouvel.

Gouraud (Mlle J.) : *Les enfants de la ferme*. 1 vol. avec 59 grav. d'après É. Bayard.

— *Le livre de maman*. 1 vol. avec 68 grav. d'après É. Bayard.

— *Cécile, ou la petite sœur*. 1 vol. avec 26 grav. d'après Desandré.

— *Lettres de deux poupées*. 1 vol. avec 59 gravures d'après Olivier.

— *Le petit colporteur*. 1 vol. avec 27 grav. d'après A. de Neuville.

— *Les mémoires d'un petit garçon*. 1 vol. avec 80 gravures d'après É. Bayard.

— *Les mémoires d'un caniche*. 1 vol. avec 75 gravures d'après É. Bayard.

— *L'enfant du guide*. 1 vol. avec 60 gravures d'après É. Bayard.

— *Petite et grande*. 1 vol. avec 48 gravures d'après É. Bayard.

— *Les quatre pièces d'or*. 1 vol. avec 54 gravures d'après É. Bayard.

— *Les deux enfants de Saint-Domingue*. 1 vol. avec 54 gravures d'après É. Bayard.

— *La petite maîtresse de maison*. 1 vol. avec 37 grav. d'après Marie.

— *Les filles du professeur*. 1 vol. avec 36 grav. d'après Kauffmann.

— *La famille Harel*. 1 vol. avec 44 gravures d'après Valnay.

— *Aller et retour*. 1 vol. avec 40 gravures d'après Ferdinandus.

— *Les petits voisins*. 1 vol. avec 39 gravures d'après G. Gilbert.

— *Chez grand'mère*. 1 vol. avec 98 gravures d'après Tofani.

— *Le petit bonhomme*. 1 vol. avec 45 grav. d'après A. Ferdinandus.

— *Le vieux château*. 1 vol. avec 28 gravures d'après E. Zier.

— *Pierrot*. 1 vol. avec 31 gravures d'après E. Zier.

— *Minette*. 1 vol. illustré de 52 gravures d'après Tofani.

Grimm (les frères) : *Contes choisis,* traduits par Ferd. Baudry. 1 vol. avec 40 gravures d'après Bertall.

Hauff : *La caravane,* traduit par A. Talon. 1 vol. avec 40 gravures d'après Bertall.

— *L'auberge du Spessart,* traduit par A. Talon. 1 vol. avec 61 gravures d'après Bertall.

Hawthorne : *Le livre des merveilles,* traduit de l'anglais par L. Rabillon. 2 vol. avec 40 gravures d'après Bertall.

Hébel et Karl Simrock : *Contes allemands,* traduits par M. Martin. 1 vol. avec 27 grav. d'après Bertall.

Johnson (R. B.) : *Dans l'extrême Far West,* traduit de l'anglais par A. Talandier. 1 vol. avec 20 gravures d'après A. Marie.

Marcel (Mme J.) : *L'école buissonnière.* 1 vol. avec 20 gravures d'après A. Marie.

— *Le bon frère.* 1 vol. avec 21 gravures d'après É. Bayard.

— *Les petits vagabonds.* 1 vol. avec 25 gravures d'après É. Bayard.

— *Histoire d'une grand'mère et de son petit-fils.* 1 vol. avec 36 gravures d'après C. Delort.

— *Daniel.* 1 vol. avec 45 gravures d'après Gilbert.

— *Le frère et la sœur.* 1 vol. avec 45 gravures d'après E. Zier.

— *Un bon gros pataud.* 1 vol. avec 45 gravures d'après Jeanniot.

Maréchal (Mlle M.) : *La dette de Ben-Aïssa.* 1 vol. avec 20 gravures d'après Bertall.

— *Nos petits camarades.* 1 vol. avec 18 gravures d'après E. Bayard et H. Castelli, etc.

— *La maison modèle.* 1 vol. avec 42 gravures d'après Sahib.

Marmier (X.) : *L'arbre de Noël.* 1 vol. avec 68 gravures d'après Bertall.

Martignat (Mlle de) : *Les vacances d'Élisabeth.* 1 vol. avec 36 gravures d'après Kauffmann.

— *L'oncle Boni.* 1 vol. avec 42 gravures d'après Gilbert.

— *Ginette.* 1 vol. avec 50 gravures d'après Tofani.

— *Le manoir d'Yolan.* 1 vol. avec 56 gravures d'après Tofani.

— *Le pupille du général.* 1 vol. avec 40 gravures d'après Tofani.

— *L'héritière de Maurivèze.* 1 vol. avec 39 grav. d'après Poirson.

— *Une vaillante enfant.* 1 vol. avec 43 gravures par Tofani.

— *Une petite-nièce d'Amérique.* 1 vol. avec 43 gravures d'après Tofani.

— *La petite fille du vieux Thémy.* 1 vol. illustré de 42 gravures d'après Tofani.

Mayne-Reid (le capitaine) : *Les chasseurs de girafes,* traduit de l'anglais par H. Vattemare. 1 vol. avec 10 gravures d'après A. de Neuville.

— *A fond de cale,* traduit par Mme H. Loreau. 1 vol. avec 12 gravures.

— *A la mer!* traduit par Mme H. Loreau. 1 vol. avec 12 gravures.

— *Bruin, ou les chasseurs d'ours,* traduit par A. Letellier. 1 vol. avec 8 grandes gravures.

— *Les chasseurs de plantes,* traduit par Mme H. Loreau. 1 vol. avec 20 gravures.

— *Les exilés dans la forêt,* traduit par Mme H. Loreau. 1 vol. avec 12 gravures.

— *L'habitation du désert,* traduit par A. Le François. 1 vol. avec 24 gravures.

Mayne-Reid (le capitaine) : *Les grimpeurs de rochers*, traduits par Mᵐᵉ H. Loreau. 1 vol. avec 20 gravures.

— *Les peuples étranges*, traduits par Mᵐᵉ H. Loreau. 1 vol. avec 24 gravures.

— *Les vacances des jeunes Boërs*, traduites par Mᵐᵉ H. Loreau. 1 vol. avec 12 gravures.

— *Les veillées de chasse*, traduites par H.-B. Révoil. 1 vol. avec 43 gravures d'après Freeman.

— *La chasse au Léviathan*, traduite par J. Girardin. 1 vol. avec 51 gravures d'après A. Ferdinandus et Th. Weber.

— *Les naufragés de la Calyso*. 1 vol. traduit par Mᵐᵉ GUSTAVE DEMOULIN et illustré de 55 gravures d'après PRANISHNIKOFF.

Muller (E.) : *Robinsonnette*. 1 vol. avec 22 gravures d'après Lix.

Ouida : *Le petit comte*. 1 vol. avec 34 gravures d'après G. Vullier, Tofani, etc.

Peyronny (Mᵐᵉ de), née d'Isle : *Deux cœurs dévoués*. 1 vol. avec 53 gravures d'après J. Devaux.

Pitray (Mᵐᵉ de) : *Les enfants des Tuileries*. 1 vol. avec 29 gravures d'après É. Bayard.

— *Les débuts du gros Philéas*. 1 vol. avec 57 grav. d'après H. Castelli.

— *Le château de la Pétaudière*. 1 vol. avec 78 grav. d'après A. Marie.

— *Le fils du maquignon*. 1 vol. avec 65 gravures d'après Riou.

Rendu (V.) : *Mœurs pittoresques des insectes*. 1 vol. avec 49 grav.

Rostoptohine (Mᵐᵉ la comtesse) : *Belle, Sage et Bonne*. 1 vol. avec 39 gravures d'après Ferdinandus.

Sandras (Mᵐᵉ) : *Mémoires d'un lapin blanc*. 1 vol. avec 20 gravures d'après É. Bayard.

Sannois (Mˡˡᵉ la comtesse de) : *Les soirées à la maison*. 1 vol. avec 42 gravures d'après É. Bayard.

Ségur (Mᵐᵉ la comtesse de) : *Après la pluie, le beau temps*. 1 vol. avec 128 grav. d'après É. Bayard.

— *Comédies et proverbes*. 1 vol. avec 60 gravures d'après É. Bayard.

— *Diloy le chemineau*. 1 vol. avec 90 gravures d'après H. Castelli.

— *François le bossu*. 1 vol. avec 114 gravures d'après É. Bayard.

— *Jean qui grogne et Jean qui rit*. 1 vol. avec 70 gravures d'après Castelli.

— *La fortune de Gaspard*. 1 vol. avec 52 gravures d'après Gerlier.

— *La sœur de Gribouille*. 1 vol. avec 72 grav. d'après H. Castelli.

— *Pauvre Blaise*! 1 vol. avec 65 gravures d'après H. Castelli.

— *Quel amour d'enfant*! 1 vol. avec 79 gravures d'après É. Bayard.

— *Un bon petit diable*. 1 vol. avec 100 gravures d'après H. Castelli.

— *Le mauvais génie*. 1 vol. avec 90 gravures d'après É. Bayard.

— *L'auberge de l'ange gardien*. 1 vol. avec 75 grav. d'après Foulquier.

— *Le général Dourakine*. 1 vol. avec 100 gravures d'après É. Bayard.

— *Les bons enfants*. 1 vol. avec 70 gravures d'après Ferogio.

— *Les deux nigauds*. 1 vol. avec 76 gravures d'après H. Castelli.

— *Les malheurs de Sophie*. 1 vol. avec 48 grav. d'après H. Castelli.

Ségur (Mme la comtesse de) : *Les petites filles modèles.* 1 vol. avec 21 gravures d'après Bertall.

— *Les vacances.* 1 vol. avec 36 gravures d'après Bertall.

— *Mémoires d'un âne.* 1 vol. avec 75 grav. d'après H. Castelli.

Stolz (Mme de) : *La maison roulante.* 1 vol. avec 20 grav. sur bois d'après É. Bayard.

— *Le trésor de Nanette.* 1 vol. avec 24 gravures d'après É. Bayard.

— *Blanche et noire.* 1 vol. avec 54 gravures d'après É. Bayard.

— *Par-dessus la haie.* 1 vol. avec 56 gravures d'après A. Marie.

— *Les poches de mon oncle.* 1 vol. avec 20 gravures d'après Bertall.

— *Les vacances d'un grand-père.* 1 vol. avec 40 gravures d'après G. Delafosse.

— *Quatorze jours de bonheur.* 1 vol. avec 45 gravures d'après Bertall.

— *Le vieux de la forêt.* 1 vol. avec 32 gravures d'après Sahib.

— *Le secret de Laurent.* 1 vol. avec 32 gravures d'après Sahib.

— *Les deux reines.* 1 vol. avec 32 gravures d'après Delort.

— *Les mésaventures de Mlle Thérèse.* 1 vol. avec 29 grav. d'après Charles.

— *Les frères de lait.* 1 vol. avec 42 gravures d'après E. Zier.

Stolz (Mme de) : *Magali.* 1 vol. avec 36 gravures d'après Tofani.

— *La maison blanche.* 1 vol. avec 35 gravures d'après Tofani.

— *Les deux André.* 1 vol. avec 45 gravures d'après Tofani.

— *Deux tantes.* 1 vol. avec 43 gravures d'après Tofani.

Swift : *Voyages de Gulliver,* traduits et abrégés à l'usage des enfants. 1 vol. avec 57 gravures d'après Delafosse.

Taulier : *Les deux petits Robinsons de la Grande-Chartreuse.* 1 vol. avec 69 gravures d'après É. Bayard et Hubert Clerget.

Tournier : *Les premiers chants,* poésies à l'usage de la jeunesse. 1 vol. avec 20 gravures d'après Gustave Roux.

Vimont (Ch.) : *Histoire d'un navire.* 1 vol. avec 40 gravures d'après Alex. Vimont.

Witt (Mme de), née Guizot : *Enfants et parents.* 1 vol. avec 34 gravures d'après A. de Neuville.

— *La petite-fille aux grand'mères.* 1 vol. avec 36 grav. d'après Beau.

— *En quarantaine.* 1 vol. avec 48 gravures d'après Ferdinandus.

III° SÉRIE, POUR LES ENFANTS ADOLESCENTS

ET POUVANT FORMER UNE BIBLIOTHÈQUE POUR LES JEUNES FILLES DE 14 A 18 ANS

VOYAGES

Agassiz (M. et Mme) : *Voyage au Brésil,* traduits et abrégés par J. Belin de Launay. 1 vol. avec 16 gravures et 1 carte.

Aunet (Mme d') : *Voyage d'une femme au Spitzberg.* 1 vol. avec 34 gravures.

Baines : *Voyages dans le sud-ouest de l'Afrique,* traduits et abrégés par J. Belin de Launay. 1 vol. avec 22 gravures et 1 carte.

Baker: *Le lac Albert N'yanza*. Nouveau voyage aux sources du Nil, abrégé par Belin de Launay. 1 vol. avec 16 gravures et 1 carte.

Baldwin : *Du Natal au Zambèze* (1861-1865). Récits de chasses, abrégés par J. Belin de Launay. 1 vol. avec 24 gravures et 1 carte.

Burton (le capitaine) : *Voyages à la Mecque, aux grands lacs d'Afrique et chez les Mormons*, abrégés par J. Belin de Launay. 1 vol. avec 12 gravures et 3 cartes.

Catlin : *La vie chez les Indiens*, traduit de l'anglais. 1 vol. avec 25 gravures.

Fonvielle (W. de) : *Le glaçon du Polaris*, aventures du capitaine Tyson. 1 vol. avec 19 gravures et 1 carte.

Hayes (D^r) : *La mer libre du pôle*, traduit par F. de Lanoye, et abrégé par J. Belin de Launay. 1 vol. avec 14 gravures et 1 carte.

Hervé et de Lanoye : *Voyages dans les glaces du pôle arctique*. 1 vol. avec 40 gravures.

Lanoye (F. de): *Le Nil et ses sources*. 1 vol. avec 32 gravures et des cartes.

— *La Sibérie*. 1 vol. avec 48 gravures d'après Lebreton, etc.

— *Les grandes scènes de la nature*. 1 vol. avec 40 gravures.

— *La mer polaire*, voyage de l'Erèbe et de la Terreur, et expédition à la recherche de Franklin. 1 vol. avec 29 gravures et des cartes.

— *Ramsès le Grand*, ou l'Egypte il y a trois mille trois cents ans. 1 vol. avec 39 gravures d'après Lancelot, É. Bayard, etc.

Livingstone : *Explorations dans l'Afrique australe*, abrégées par J. Belin de Launay. 1 vol. avec 20 gravures et 1 carte.

Livingstone : *Dernier journal*, abrégé par J. Belin de Launay. 1 vol. avec 16 gravures et 1 carte.

Mage (L.): *Voyage dans le Soudan occidental*, abrégé par J. Belin de Launay. 1 vol. avec 16 gravures et 1 carte.

Milton et Cheadle : *Voyage de l'Atlantique au Pacifique*, traduit et abrégé par J. Belin de Launay. 1 vol. avec 16 gravures et 2 cartes.

Mouhot (Ch.) : *Voyage dans le royaume de Siam, le Cambodge et le Laos*. 1 vol. avec 28 gravures et 1 carte.

Palgrave (W. G.): *Une année dans l'Arabie centrale*, traduite et abrégée par J. Belin de Launay. 1 vol. avec 12 gravures, 1 portrait et 1 carte.

Pfeiffer (Mme): *Voyages autour du monde*, abrégés par J. Belin de Launay. 1 vol. avec 16 gravures et 1 carte.

Piotrowski: *Souvenirs d'un Sibérien*. 1 vol. avec 10 gravures d'après A. Marie.

Schweinfurth (D^r) : *Au cœur de l'Afrique* (1868-1871). Traduit par Mme H. Loreau, et abrégé par J. Belin de Launay. 1 vol. avec 16 gravures et 1 carte.

Speke : *Les sources du Nil*, édition abrégée par J. Belin de Launay. 1 vol. avec 24 gravures et 3 cartes.

Stanley : *Comment j'ai retrouvé Livingstone*, traduit par Mme Loreau, et abrégé par J. Belin de Launay. 1 vol. avec 16 gravures et 1 carte.

Vambéry: *Voyages d'un faux derviche dans l'Asie centrale*, traduits par E. D. Forgues, et abrégés par J. Belin de Launay. 1 vol. avec 18 gravures et une carte.

HISTOIRE

Le loyal serviteur: *Histoire du gentil seigneur de Bayard*, revue et abrégée, à l'usage de la jeunesse, par Alph. Feillet. 1 vol. avec 36 gravures d'après P. Sellier.

Monnier (M.): *Pompéi et les Pompéiens.* Édition à l'usage de la jeunesse. 1 vol. avec 25 gravures d'après Thérond.

Plutarque: *Vie des Grecs illustres,* édition abrégée par A. Feillet. 1 vol. avec 53 gravures d'après P. Sellier.

— *Vie des Romains illustres,* édition abrégée par A. Feillet. 1 vol. avec 69 gravures d'après P. Sellier.

Retz (Le cardinal de) : *Mémoires* abrégés par A. Feillet. 1 vol. avec 35 gravures d'après Gilbert, etc.

LITTÉRATURE

Bernardin de Saint-Pierre: *Œuvres choisies.* 1 vol. avec 13 gravures d'après É. Bayard.

Cervantès: *Don Quichotte de la Manche.* 1 vol. avec 64 gravures d'après Bertall et Forest.

Homère: *L'Iliade et l'Odyssée,* traduites par P. Giguet et abrégées par Alph. Feillet. 1 vol. avec 33 gravures d'après Olivier.

Le Sage: *Aventures de Gil Blas,* édition destinée à l'adolescence. 1 vol. avec 50 gravures d'après Leroux.

Mac-Intosch (Miss) : *Contes américains,* traduits par Mme Dionis. 2 vol. avec 50 gravures d'après É. Bayard.

Maistre (X. de): *Œuvres choisies.* 1 vol. avec 15 gravures d'après É. Bayard.

Molière : *Œuvres choisies,* abrégées à l'usage de la jeunesse. 2 vol. avec 22 gravures d'après Hillemacher.

Virgile : *Œuvres choisies,* traduites et abrégées à l'usage de la jeunesse, par Th. Barrau. 1 vol. avec 20 gravures d'après P. Sellier.

ATLAS MANUEL

DE GÉOGRAPHIE MODERNE

Contenant 54 cartes imprimées en couleurs
Un volume in-folio relié en demi-chagrin......... 32 fr.

ATLAS

DE

GÉOGRAPHIE MODERNE

PAR E. CORTAMBERT

Contenant 66 cartes in-4° imprimées en couleurs

NOUVELLE ÉDITION COMPLÈTEMENT REFONDUE

Sous la direction de plusieurs géographes & professeurs
Un volume cartonné en percaline, 12 fr.

NOUVEL ATLAS

DE

GÉOGRAPHIE

ANCIENNE, DU MOYEN AGE & MODERNE

PAR E. CORTAMBERT

Contenant 100 cartes in-4° imprimées en couleurs

NOUVELLE ÉDITION ENTIÈREMENT REFONDUE

Avec la collaboration d'une Société de géographes et de professeurs
Un volume cartonné en percaline, 16 fr.

7908. — BOURLETON. — Imprimeries réunies, A, rue Mignon, 2, Paris. 12-86. — 100,000.

www.ingramcontent.com/pod-product-compliance
Lightning Source LLC
Chambersburg PA
CBHW070525200326
41519CB00013B/2935